# Matrix de la homeopatía

# Jorge Laborda

# Matrix de la homeopatía

## Por qué la homeopatía no puede funcionar en el mundo real, pero sí puede hacerlo en el imaginario

© Jorge Laborda Fernández, 2016

Reservados todos los derechos

All rights reserved

TÍTULO: Matrix de la homeopatía. Por qué la homeopatía no puede funcionar en el mundo real, pero sí puede hacerlo en el imaginario.

AUTOR: Jorge Laborda Fernández
© Jorge Laborda Fernández, 2016

EDICIÓN Y COORDINACIÓN: Jorge Laborda

MAQUETACIÓN: Jorge Laborda

PORTADA: Jorge Laborda.
Ilustración portada: A patient suffering from the effects of homoeopathic treatment.
http://wellcomeimages.org/indexplus/obf_images/f6/11/672b4d42176d5850166dd4124d65.jpg. file licensed under the Creative Commons Attribution 4.0 International.
Ilustración contraportada: Ripple effect on water.jpg. Image by Sergiu Bacioiu at http://flickr.com/photos/31191642@N05/4178226353. licensed under the Creative Commons Attribution 2.0 Generic.

IMPRESIÓN: Lulu

Reservados todos los derechos. De acuerdo con la legislación vigente y bajo las sanciones en ella previstas, queda totalmente prohibida la reproducción o transmisión parcial o total de este libro, por procedimientos mecánicos o electrónicos, incluyendo fotocopia, grabación magnética, óptica, o cualesquiera otros procedimientos que la técnica permita o pueda permitir en el futuro, sin la expresa autorización, por escrito, de los propietarios del copyright.

ISBN: 978-1-326-59886-0

Reservados todos los derechos
All rights reserved

# Tabla de Contenidos

- Nota introductoria .................................................................. 1
- ¿Qué es la homeopatía? ......................................................... 6
- Astronomía de los preparados homeopáticos ...................... 10
  - ¿Qué es un Mol? ................................................................ 11
  - Diluciones ........................................................................ 15
- Mecanismos de acción .......................................................... 21
  - Cómo funcionan los fármacos no homeopáticos ........... 24
  - Afinidad molecular .......................................................... 31
  - En busca de explicaciones ............................................... 38
    - La "memoria" del agua ................................................ 41
    - Problemas de memoria ............................................... 54
    - Recuerdos ahogados en tiempo récord ..................... 58
  - Yo sigo ............................................................................... 68
  - Los efectos placebo y nocebo ......................................... 72
    - Placebo en el siglo XXI ................................................ 77
    - El efecto nocebo .......................................................... 80
    - El poder de las expectativas ....................................... 83
    - ¿Mejora objetiva de la salud? ..................................... 85
    - Genética del placebo .................................................. 89
    - Evolución natural del efecto placebo ........................ 93
  - De la sugestión en Medicina .......................................... 99
  - El ser y la nada ................................................................ 101
- ¿Por qué los fármacos clásicos a veces no funcionan? ... 104
- Dificultades de investigación y algunas propuestas .......... 108
- ¿Quién fabrica preparados homeopáticos y por qué? ........ 117
- Evidencias circunstanciales en contra de la homeopatía . 124
- Peligros de la homeopatía ................................................... 128
- Legislación ............................................................................ 129
  - EE.UU. ............................................................................... 130
  - Europa y España ............................................................. 133
- A modo de epílogo ................................................................ 139

*La ignorancia es la maldición de Dios; el saber es el ala que nos presta para volar al cielo.*

**William Shakespeare**

*La ciencia es una manera de no engañarnos a nosotros mismos*

**Carl Sagan**

## Nota introductoria

Con este breve ensayo sobre la homeopatía no creo que sea capaz de convencer a nadie que crea en este tipo de Medicina alternativa de la falsedad de sus creencias. Si no me equivoco, fue el científico y divulgador Carl Sagan quien dijo que "no se puede convencer a un creyente de nada, ya que su creencia no está basada en la evidencia, sino en una profunda necesidad de creer". Por mi parte, considero que la mayoría de las cosas que creemos, por no decir todas, incluso las creencias basadas en la evidencia, las creemos en gran medida porque son emocionalmente satisfactorias y no porque lo sean racionalmente. No podemos cambiar de opinión, por tanto, exclusivamente mediante la lógica y la razón; es necesario también invocar las emociones. Son estas las que finamente nos prohíben o nos dan permiso para cambiar nuestras ideas. La razón solo es eficaz, paradójicamente, si es capaz también de emocionarnos; si es capaz de hacernos sentir lo maravilloso que es el ser humano racional, un ente capaz de avanzar en la comprensión del mundo, de aceptar sus, a veces, crueles hechos racionales, a pesar de que puedan incomodarle, entristecerle, o incluso enfadarle. Desde aquí, conmino al lector o lectora a que se emocione frente a los argumentos científicos, frente al triunfo de la inteligencia humana, capaz de averiguar los secretos más íntimos de la materia. Luego, tras emocionarse por lo que el ser humano ha llegado a ser, a conseguir y a comprender, podrá seguir creyendo aquello que más le interese y satisfaga su estado emocional, lo cual siempre será un avance, ya que, en general, solemos creer aquello que más satisface a los demás, pensando equivocadamente que es a nosotros a quienes interesa creerlo.

Para comprender el mundo, creo que es necesario responder a al menos dos preguntas fundamentales: ¿por qué? y ¿cómo? Estas preguntas no son solo pilares básicos de la investigación científica, sino preguntas que hacemos todos los días para intentar entender aspectos más a menos oscuros de nuestra compleja realidad. Las respuestas a esas preguntas son las que nos permiten cernir la situación, incorporarla a nuestras ideas como verdadera. ¿Por qué existe el sexo? ¿Cómo apareció en la evolución? ¿Por qué se enamoró mi hija de ese chico? ¿Cómo sucedió? ¿Por qué…? ¿Cómo…?

Con lo anterior pretendo intentar aclarar que las preguntas científicas no difieren en gran medida de preguntas que nos formulamos todos los días, y que intentamos responder de acuerdo a la información que vayamos adquiriendo y de cómo esa información encaja con lo que ya sabemos. Si conocemos bien a nuestra hija, si sabemos cómo es su personalidad, si hablamos a menudo con ella y conocemos qué le motiva y preocupa, tenderemos a incorporar ese conocimiento en la explicación que demos al hecho de que precisamente se enamorara de ese chico y no de otro. Si sabemos que le gusta mucho hacer deporte al aire libre, que es una chica sana y responsable, no nos extrañaremos cuando nos diga que lo conoció en una excursión con otros amigos, en lugar de conocerlo en un bar o en una discoteca. Igualmente, deduciremos de este hecho que ese chico comparte algunas aficiones con nuestra hija, que probablemente es también un buen chico y que por eso conectaron inicialmente y se enamoraron después. Si, en cambio, alguien nos contara que nada de esto es cierto, que ese chico jamás sale de excursión a ninguna parte, que le gusta ir de discotecas a menudo, y que conoció a nuestra hija mientras esta se emborrachaba igualmente en una discoteca, dudaremos de que esa historia sea cierta, ya que, aunque posible, contradice lo que sabemos de buena fuente sobre nuestra hija (a menos que esta nos haya engañado con continuidad y coherencia, lo cual resulta siempre complicado).

Al igual que a lo largo de los años, durante la crianza y educación de nuestra hija, vamos observándola, conociéndola y estableciendo principios sobre su personalidad, sus gustos, sus reacciones..., los científicos, también a lo largo de los años, incluso de los siglos, han ido conociendo poco a poco la realidad de la que formamos parte, y estableciendo principios sobre su "personalidad", sus "gustos" y sus "reacciones". De la misma manera que descubrir que a nuestra hija le gusta emborracharse violentaría los principios establecidos sobre su personalidad y, de ser cierto, obligaría a cambiar la idea que tenemos de ella y a establecer nuevos principios que dieran de nuevo coherencia al concepto que nos hacemos de ella (no es tan responsable después de todo, ese chico la ha cambiado, etc.), ciertos supuestos descubrimientos sobre la realidad pueden violentar principios establecidos tras años de observaciones y experimentos científicos. Esos nuevos conocimientos deben encajar de alguna manera con los demás, es decir, deben mantener una coherencia, ya que si algo permite que estemos aquí, tras miles de millones de años de evolución, es que la realidad no es caprichosa y no cambia de un día para otro. Esta adecuación de unos conocimientos con otros, es decir, la eliminación de contradicciones entre lo que conocemos, es, de nuevo, un pilar básico de la ciencia, pero también de la vida corriente. Salvo excepciones, las personas razonables huyen de las incoherencias, y no aceptarán fácilmente que su hija sea responsable, sana y honesta y, al mismo tiempo, pueda ser una mentirosa y una irresponsable. En general será una cosa o la otra, no las dos.

Bien es cierto que, en el caso del conocimiento científico, rara vez, por no decir jamás, una sola persona puede abarcarlo todo. Este conocimiento se ha ido adquiriendo gracias al esfuerzo de personas muy diversas, en diferentes épocas y culturas. En este sentido, difiere de la forma en la que podemos adquirir el conocimiento sobre la verdadera personalidad de nuestra hija. Al mismo tiempo que podemos conocerla directamente, también recibimos información de otras personas sobre cómo es o sobre lo que le sucede. Tendremos que fiarnos o no de lo que nos dicen sobre ella. Si la información que recibimos es coherente con la nuestra y, además, está de acuerdo con lo que deseamos creer sobre ella, la aceptaremos con satisfacción. Si la información es contradictoria con lo que sabemos de ella, o contraría nuestras expectativas, y además nos incomoda en el plano emocional, tenderemos a no creerla. Esta situación es diferente de la que puede encontrarse otra persona que acaba de conocer a nuestra hija, o de la que ha oído hablar por boca de otro, por primera vez. Falta de información que pueda utilizarse para contrastar la nueva información que recibe, la persona tenderá a creer lo que le dicen sobre la personalidad de nuestra hija. Es incluso posible que si le dicen que es simpática y posteriormente se encuentra con ella en alguna reunión social y ella está de buen humor y sonriente, tienda a concluir que lo que le han dicho es cierto, aunque en realidad, no lo sea tanto, y nuestra hija sea mucho menos agradable de lo que aparentaba en esa ocasión. Es igualmente posible que si nos dicen que es muy seria, de nuevo podamos coincidir con ella en una reunión en la que su estado de ánimo contribuya a que creamos que, en efecto, es una persona con poco sentido del humor, aunque tampoco sea cierto. Este tipo de fenómeno sucede con todo el conocimiento científico. No lo podemos saber todo y tenemos que fiarnos de lo que otros han descubierto, de lo que nos dicen que es cierto, porque pocas veces podemos comprobar por nuestros medios si lo es o no y, cuando podemos hacerlo, lo hacemos de manera ocasional, no lo suficientemente sistemática, y podemos así caer en la trampa de creer que ciertas cosas con falsas, cuando no lo son, o viceversa.

No obstante, si las personas somos volubles y, de vez en cuando, podemos violar nuestros principios y echar una "cana al aire", es decir, en ocasiones podemos comportarnos de manera incoherente, lo mismo no se ha observado jamás con la realidad del universo que nos rodea. Este cumple a rajatabla las leyes de la física y de la química siempre que miramos. Nunca veremos a la realidad borracha en una discoteca y enamorada de un dudoso personaje. Es siempre coherente, responsable y sobre todo, leal a ella misma.

Creo necesaria esta larga digresión antes de abordar el tema que realmente me preocupa, que es el de si la homeopatía, el tratamiento con fármacos o sustancias diluidas hasta proporciones cósmicas (luego veremos que esto no es una exageración), genera efectos curativos. De nuevo, como hacemos con cualquier otro aspecto de la realidad, deberemos responder a las dos preguntas de arriba: ¿Por qué? ¿Cómo? No solo eso: las respuestas a estas preguntas deberán ser coherentes con lo que ya conocemos sobre el mundo y la realidad o, de lo contrario, nos veremos obligados a replantearnos si lo que conocemos es realmente así, o estábamos equivocados.

## ¿QUÉ ES LA HOMEOPATÍA?

Aunque el lector o lectora interesado en la homeopatía probablemente ya conoce lo que es y en qué ideas se basa, voy a resumir aquí su historia y sus principios, porque no todo el mundo suele estar tan bien informado como usted. ☺

En primer lugar, conviene aclarar lo que la homeopatía no es. Incluso si los naturópatas pueden emplearla, la homeopatía no es sinónimo de Medicina natural o naturista, la cual se basa en tratamientos "naturales" (aunque tal cosa es imposible, porque cualquier tratamiento, por el hecho de que interviene un ser humano en su formulación y aplicación, es siempre algo artificial), en dosis suficientes. La homeopatía tampoco es fitoterapia, que emplea tratamientos con extractos de plantas medicinales en dosis adecuadas.

De acuerdo a la información accesible en la enciclopedia Wikipedia [1], la homeopatía es un método de tratamiento terapéutico inventado por el médico alemán Samuel Hahnemann (10 de abril de 1755 – 2 de julio de 1843), allá por el año 1796. Es importante mantener esta fecha en la memoria simplemente para hacernos una idea del profundo nivel de ignorancia científica en el que el mundo aún andaba sumergido por aquellos años. Sin ir más lejos, en 1796 solo hacía 25 años que se habían descubierto el nitrógeno y el oxígeno como componentes del aire. Ese año todavía no se había ni siquiera postulado la teoría celular de la vida, que establece que todos los seres vivos están compuestos por células, la cual se postuló en 1839. Por supuesto, tampoco se sabía nada de la teoría de la evolución de las especies, propuesta por Charles Darwin en 1859, sin la que nada tiene sentido hoy en Biología y, por extensión, en Medicina. Igualmente, en 1796 no se sabía aún prácticamente nada de las masas de átomos y moléculas, o de la cantidad de ellas que podía haber en un gramo de sustancia. Esto es fundamental para poder luego comprender lo infundado de los principios en los que se basa la homeopatía. La primera tabla de

---

1 https://en.wikipedia.org/?title=Homeopathy

masas atómicas fue publicada en 1805 por John Dalton, es decir, casi 10 años más tarde de que Hahnemann propusiera su método homeopático. Estos conocimientos científicos estaban, además, solo al alcance de muy, pero de muy pocos.

La teoría homeopática postulada por Hahnemann mantenía que lo similar cura lo similar (*similia similibus curentur*). En otras palabras, una sustancia (una sustancia material, no nada espiritual o psicológico) que causa síntomas similares a los de la enfermedad en sujetos sanos será un agente terapéutico eficaz en sujetos enfermos. Esto implicaría, por ejemplo, que si pinchar con un alfiler a alguien sano le causa picores, los picores de alguien enfermo se curarían pinchándole con un alfiler.

Esta idea tan poco evidente se le ocurrió a Hahnemann, en primer lugar, porque estaba descontento con las prácticas terapéuticas propias de la época, entre las que se encontraba el sangrado, o el empleo de sales de arsénico, que hoy sabemos son tóxicas. Hahnemann creía, acertadamente, que esos tratamientos producían más daño que beneficio y, por ello, se propuso crear una Medicina alternativa a la "oficial". En segundo lugar, la idea del tratamiento homeopático vino a la mente de Hahnemann al estudiar el efecto de diversas sustancias o extractos, no en pacientes, sino en personas sanas. Estos estudios siguieron el camino iniciado por el trabajo pionero del médico austriaco Anton von Störck, quien fue el primero en suponer que las sustancias curarían los mismos síntomas en las personas enfermas que aquellos síntomas que producían en las personas sanas. Así, si una sustancia producía fiebre en una persona sana, sería capaz de curar la fiebre en una enferma que adoleciera de ella. Por supuesto, esta idea era algo atrevida; para la cual, por otra parte, no se disponía de evidencia alguna. La Medicina de aquella época se parecía mucho a la política de hoy, e iba avanzando a base de ocurrencias varias, algunas de las cuales podían ser ciertas; otras, ser completamente falsas.

Evidentemente, para que una sustancia produzca síntomas propios de alguna enfermedad, entre ellos la fiebre, que es un síntoma muy común, la sustancia tiene que ser tóxica en algún grado. Para disminuir la toxicidad, Hahnemann tuvo la brillante idea de diluir las sustancias tóxicas con las que pretendía tratar a los pacientes, siguiendo un protocolo de numerosas diluciones seriadas y de fuerte agitación (sucusión), del que luego hablaremos con más detalle. Más tarde veremos también por qué este protocolo conseguía hacer desaparecer prácticamente cualquier atisbo de sustancia que se administraba al paciente, con lo que la toxicidad, claro, desaparecía también. De este modo, la ausencia de toxicidad del "tratamiento" conseguía que muchos pacientes mejoraran: el "tratamiento" no dañaba y permitía que muchos se curaran solos. De hecho, la disminución de la toxicidad con el aumento del grado de dilución de las sustancias administradas condujo a postular el curioso principio de que una mayor dilución potenciaba los efectos terapéuticos de los preparados homeopáticos.

Es claro hoy que diluir las sales de arsénico hasta hacerlas prácticamente desaparecer de un preparado terapéutico es más beneficioso que administrar dichas sales sin diluir.

Igualmente, "diluir" un sangrado hasta el infinito, es decir, dejar de hacer sangrados a los pobres pacientes, es sin duda más beneficioso que seguir sangrándolos mediante cortes o mediante la aplicación de sanguijuelas en la piel. Por estas razones, como Medicina alternativa, la homeopatía era más beneficiosa que los tratamientos oficiales de la época, los cuales, lejos de mejorar la salud, resultaban dañinos para los pacientes. La homeopatía, al diluir hasta que no existiera ni una sola molécula activa en lo que se administraba a los pacientes, no ponía impedimentos a que estos se curaran por sí mismos, como sí los ponían los tratamientos tradicionales de la época, que eran perjudiciales. Esta curación sucedía en más ocasiones que si el paciente se sangraba o se trataba con preparaciones más o menos tóxicas salidas del imaginario médico de aquellos años, como, entre otros, óxido de arsénico, veneno de víbora del género *Lachesis*, o la triaca, un preparado a base de más de setenta sustancias que incluían el opio y la carne de víbora. Eran años en los que la imaginación, en efecto, había tomado el poder en Medicina, y los ensayos clínicos o la necesidad de conseguir la más mínima evidencia científica antes de probar un tratamiento, eran conceptos, paradójicamente, aún no imaginados.

## Astronomía de los preparados homeopáticos

He mencionado antes que el método de dilución propuesto por Hahnemman eliminaba cualquier atisbo de moléculas en las preparaciones homeopáticas. Para entender por qué, es necesario comprender dos conceptos básicos de la Química: el concepto de mol y el concepto de dilución. Por mi experiencia como profesor de Bioquímica y Biología Molecular de las Facultades de Farmacia y de Medicina en la Universidad de Castila-La Mancha, debo decir que no son conceptos evidentes para los alumnos, por lo que supongo tampoco lo serán para el resto de las personas, en particular para quien odie la Química. En numerosas ocasiones, el odio a una ciencia es una curiosa manera de salvaguardar la apreciada ignorancia o de evitar el esfuerzo para eliminarla. En todo caso, voy a intentar explicar estos dos importantes conceptos lo mejor que pueda, pero me gustaría que usted también me prometiera que va a intentar entenderlos lo mejor que pueda, sin odios ni prejuicios. En el fondo, no son conceptos tan difíciles si los abordamos con una mente seria y poco diluida.

## ¿QUÉ ES UN MOL?

Es bien conocido que la masa, en Química, no se mide en gramos, o en kilos, sino en una unidad llamada mol. La razón por la cual es necesaria esta nueva y algo farragosa unidad es fácilmente comprendida cuando tenemos en cuenta que existen moléculas grandes (más pesadas) y moléculas pequeñas (más ligeras), pero las reacciones químicas sencillas suceden molécula a molécula, en una relación 1:1, o en múltiplos de la misma (1:2, 1:3, etc.). Por consiguiente, si deseamos llevar a cabo una reacción química de manera adecuada entre dos sustancias, tendremos que mezclar el mismo número de moléculas individuales, o proporciones de ellas en números enteros.

Evidentemente, si la relación entre los pesos de las moléculas fuera muy diferente, similar, por ejemplo, a la relación entre los pesos de las cerezas y los melones, no podremos conseguir combinar un mismo número moléculas pesando la misma cantidad de gramos de ambas sustancias, como tampoco podemos mezclar un mismo número de melones y cerezas pesando un número de kilos similar en ambos casos. La misma cantidad de kilos de cerezas y melones no contiene el mismo número de unidades de ambas frutas. Para conseguir mezclar números iguales, tal vez para preparar un original zumo de frutas, sería más adecuado contarlas una por una.

Desgraciadamente, las moléculas son demasiado pequeñas para ser contadas. Necesitamos otra manera de conseguir un mismo número de moléculas para mezclar cantidades adecuadas de ellas sin tener que contarlas. Los químicos reflexionaron sobre el problema y se dieron cuenta de que si pesaban un número de gramos de una sustancia igual al peso calculado para sus moléculas, es decir, a su peso molecular, siempre conseguían el mismo número de las mismas. A esta cantidad de gramos la denominaron "mol", palabra que deriva de la palabra latina "moles", que significa montón, pila (la palabra "molécula" también deriva de "mol" y significa "montón chiquitín"). Por supuesto, cada sustancia posee su mol particular, o sea, un número de gramos igual a su masa molecular.

Para comprender por qué un mol de gramos de dos sustancias diferentes contiene el mismo número de moléculas, imaginemos que un melón pesa de media 2.000 gramos y una cereza, 20 gramos. Pues bien, si pesamos cantidades de cerezas y melones que respeten esta relación entre sus masas (100:1), siempre conseguiremos el mismo número de ambas frutas. En otras palabras, si pesamos 2.000 kilos, quintales o toneladas de melones, y 20 kilos, quintales o toneladas de cerezas, tendremos, salvo errores de pesada, el mismo número de cerezas y de melones, y habremos conseguido una relación 1:1 entre las frutas sin tener que contarlas. De la misma manera, si una molécula es más pesada que otra en relación 100:1, tendremos que pesar 100 veces más de gramos de esta que de la otra para conseguir el mismo número de moléculas de ambas sustancias. En estas condiciones las reacciones químicas se producen de manera casi completa y generan productos más puros.

Así pues, con este sencillo truco, los químicos consiguieron mejorar sus reacciones químicas. Sin embargo, los químicos son gente muy ingeniosa y tenaz y, además de inventarse este método para mezclar proporciones concretas de moléculas sin tener que contarlas, decidieron que era interesante, de todos modos, contar cuántas moléculas contiene un mol. Por diversos métodos determinaron que el número de moléculas presente en un número de gramos igual al peso molecular de cualquier sustancia es astronómico, nada menos que $6,02214129 \times 10^{23}$ que es casi un billón de billones ($10^{24}$, o un uno seguido de 24 ceros). Este número se llama constante de Avogadro, en honor al químico italiano Amadeo Avogadro (9 de agosto de 1776 – 9 de julio de 1856), quien, en 1811, fue el primero en postular la hipótesis de que un volumen dado de cualquier gas contenía el mismo número de partículas, abriendo así el camino para el moderno concepto de mol. Hoy, el mol es definido como el número de partículas contenido en 12 gramos del isótopo 12 del carbono, lo que corresponde al número de Avogadro.

Para entender la magnitud de ese número podemos hacer un experimento imaginario. Supongamos que tenemos un mol de glucosa, uno de los carbohidratos simples, componente del azúcar de mesa (el otro componente del azúcar de mesa es la fructosa). La molécula de glucosa es bastante pequeña, dentro del mundo de las moléculas orgánicas. Su peso molecular es de 180,16, por lo que un mol de glucosa solo pesa 180,16 gramos. Esto significa que en un paquete de un kilogramo de sacarosa (el conocido azúcar de mesa) tendríamos cerca de 2,5 moles de glucosa y otros 2,5 moles de fructosa.

Cada molécula de glucosa mide alrededor de un nanómetro, es decir, la mil millonésima parte de un metro. Esto implica que en un metro cabrían mil millones de moléculas de glucosa una detrás de la otra. Pues bien, siendo así, un mol de glucosa ordenado en fila india mediría $6,02214129 \times 10^{23}$ nanómetros. Haciendo la conversión de nanómetros a kilómetros, tendríamos que un mol de glucosa en fila india mediría $6,02214129 \times 10^{11}$ kilómetros, es decir, algo más de 602.214 millones de kilómetros. Recordemos que la distancia de la Tierra al Sol es de 150 millones de kilómetros. Recordemos también que un año–luz, la unidad en la que se miden las distancias en Astronomía, es la distancia recorrida por la luz en un año a la velocidad aproximada de 300.000 kilómetros por segundo, o 300.000 x 365 x 24 x 60 x 60, que es igual a 9,46 billones de kilómetros. En otras palabras, haciendo los correspondientes cálculos, descubrimos que un mol de glucosa en fila india mediría algo más de 0,063 años–luz (unos 23 días–luz). Es esta una distancia sin duda astronómica, que nos llevaría mucho más allá de los confines del sistema solar, cuyo radio apenas mide siete horas–luz. Así pues, no exageramos un ápice cuando decimos que la magnitud del número de Avogadro es astronómica.

## DILUCIONES

Una vez descrito el concepto de mol y descrita la magnitud del número de moléculas que contiene, es necesario comprender el también astronómico concepto de dilución homeopática. Diluir una sustancia es disolverla en cada vez mayores cantidades de líquido disolvente que, en general, suele ser agua, aunque esta puede también llevar proporciones variables de otros disolventes, como el alcohol. Si disolvemos un mol de cualquier sustancia en un litro de agua, tenemos una disolución molar. Es una concentración elevada. El principio de la práctica homeopática establecido por Hahnemann implica que a partir de una solución inicial (la llamada tintura madre) debemos realizar diluciones seriadas en relación 1:100. Cada una de esas disoluciones contendrá un menor número de moléculas; sin embargo, de acuerdo a los principios de la homeopatía, su actividad farmacológica aumentará a medida que la dilución se haga mayor. Así pues, para preparar la primera dilución 1:100 deberemos tomar 10 mililitros (ml) de la solución inicial y añadir

990 ml de agua, aunque también podríamos tomar 1 ml de la solución inicial y añadir 99 ml de agua. Las matemáticas nos dicen que, partiendo de una disolución inicial de concentración molar, el nuevo litro de disolución 1:100 contendrá aproximadamente $6{,}02214129 \times 10^{21}$ moléculas, que siguen siendo muchísimas. No obstante, las "tinturas madre", los extractos iniciales a partir de los cuales se elaboran los preparados homeopáticos, contienen concentraciones de los principios activos menores que la molar. Sin embargo, aunque su concentración pueda ser del rango de la milimolar, seguirán teniendo del orden de $10^{20}$ moléculas, es decir, cien trillones de moléculas, por litro.

Las diluciones homeopáticas son mucho más elevadas que 1:100. A cada dilución de 100 veces, se le denomina, en la terminología homeopática, con la letra C, o con las letras CH[1]. Así, una dilución 10 CH será una dilución en la que se ha diluido diez veces por cien veces, es decir, se ha tomado 1 ml de la solución inicial y 99 ml de agua y se ha agitado con energía, se ha tomado 1 ml de esta nueva solución y se ha añadido a 99 ml de agua y se ha agitado con energía, se ha tomado 1 ml de esta disolución y se ha añadido a 99 ml de agua y se ha agitado con energía (la sucusión, es decir, la agitación con energía es, según los homeópatas, importante para mantener y potenciar las propiedades terapéuticas de los preparados al hacer las diluciones)… y así diez veces. Esto quiere decir que si partíamos

---

1 https://es.wikipedia.org/wiki/Diluci%C3%B3n_homeop%C3%A1tica

de una disolución molar inicial, esta se ha diluido $10^{20}$ veces ($10^{2 \times 10}$), o cien trillones de veces. En un litro de esta disolución solo quedarán unas 6.000 moléculas y no los cerca de un millón de trillones que contenía la solución molar inicial.

Lo anterior da una idea del poder de las disoluciones mediante el simple procedimiento de hacerlas en serie. Para conseguir la misma disolución 10 CH de un mililitro de la solución inicial, pero no haciéndola en serie, harían falta $10^{20}$ ml de agua en los que añadir nuestro mililitro de solución inicial o, lo que es lo mismo, $10^{17}$ litros de agua. Esto supone un volumen de agua igual al contenido en 100.000 kilómetros cúbicos (cada kilómetro cúbico contiene $10^{12}$ litros, es decir, un billón). Esta cantidad de agua es superior en más de 10.000 kilómetros cúbicos a *cuatro veces* la que contienen los cinco Grandes Lagos de Norteamérica (que, si desea recordarlo, tienen los bonitos nombres de Michigan, Superior, Eire, Hurón y Ontario). En otras palabras, nos harían falta más de veinte Grandes Lagos para poder conseguir una dilución 10 CH de tan solo un mililitro de la solución inicial de concentración molar. Sin embargo, gracias al procedimiento de diluir de forma seriada, con unos pocos litros de agua podemos conseguir diluciones verdaderamente cósmicas.

Y cuando digo cósmicas, no exagero un quark. La dilución 10 CH no es, en absoluto, una dilución homeopática de las más potentes. Diluciones más elevadas se hacen necesarias para "potenciar" aún más la actividad de los principios homeopáticos, y no es raro ver preparados homeopáticos en diluciones 30 CH, 60 CH o incluso 120 CH. De hecho, Hahnemann defendió diluciones de alrededor de 30 CH para la mayoría de los propósitos terapéuticos de la homeopatía.

Es cuando alcanzamos este grado de dilución cuando la probabilidad de encontrar una sola molécula de preparado homeopático en toda el agua contenida en el planeta Tierra alcanza proporciones de una ridiculez galáctica. Para entenderlo, le invito a acompañarme por otra serie de cálculos sencillos. Entre paréntesis, me atrevo a afirmar que es gracias al analfabetismo matemático para los cálculos más simples y a la pereza que el cerebro humano, incluso el de personas con estudios, muestra para las más sencillas estimaciones matemáticas, por lo que muchas absurdidades son fácilmente creídas por una mayoría. Si esa mayoría no supiera leer, muchos de nosotros pensaríamos que lo que creen tal vez no tenga mucha validez, y habría que analizarlo con escepticismo. Que esa mayoría no sepa estimar proporciones, o incluso realizar simples sumas mentales, no parece, en cambio, molestar sino a los más tocapelotas intelectuales, entre los que, con su permiso, tengo el honor de incluirme.

Volvamos a los cálculos. ¿Cuánta agua sería necesaria para diluir un mol de sustancia hasta 30 CH ($10^{60}$)? Y bien, es claro que si una disolución molar necesita un mol de sustancia en un litro de agua, para diluirla $10^{60}$ veces necesitará $10^{60}$ litros, es decir, necesitaremos disolver el mol de sustancia ("solo" $6,02214129 \times 10^{23}$ moléculas), en un 1 seguido de 60 ceros de litros de agua. Recordemos que un volumen de un kilómetro cúbico, un cubo de un kilómetro de lado, contiene un billón de litros, o $10^{12}$. Eso quiere decir que nos haría falta un volumen de $10^{48}$ kilómetros cúbicos para conseguir $10^{60}$ litros. A su vez, esto implica que, para contener este volumen, necesitaríamos un cubo de $10^{16}$ kilómetros de lado (la raíz cúbica de $10^{48}$), es decir, 10.000 billones de kilómetros de arista, donde meter esos $10^{60}$ litros. Es aquí cuando las cosas comienzan a poder comprenderse solo si apelamos a distancias astronómicas. Resulta que, como ya hemos dicho, un año–luz son solo 9,46 billones de kilómetros, es decir, algo menos de 10 billones. Seamos generosos y supongamos que la luz corre algo más deprisa y que un año–luz es, en efecto, 10 billones de kilómetros. Esto permitirá simplificar los cálculos. Esta generosidad nos permite también darnos cuenta de que 10.000 billones de kilómetros son 1.000 años–luz, y que, por tanto, el cubo que debería contener el agua para diluir nuestro mol, nuestros 180 gramos de glucosa o nuestros 342 gramos de azúcar de mesa, por ejemplo, tendría una arista de 1.000 años–luz. Es, en efecto, una distancia estelar, y de hecho muchas estrellas situadas a esa distancia no son visibles por el ojo humano. No olvidemos que, en realidad, la distancia es superior a la calculada, porque hemos supuesto que un año–luz son 10 billones de kilómetros, cuando en realidad son solo 9,46 billones.

Ahora que sabemos el volumen del cubo que sería necesario para diluir una concentración molar de cualquier sustancia a una dilución homeopática 30 CH, podemos también preguntarnos a qué distancia se encontrarán separadas una molécula de la siguiente. Recordemos que las moléculas de un mol de glucosa colocadas en fila india medían 0,063 años–luz, y que dicho mol contenía la ya conocida cifra de 6,02214129 x $10^{23}$ moléculas. Ahora no se trataría de colocar las moléculas en fila india, sino de distribuirlas en el espacio tridimensional del cubo de 1.000 años-luz de lado. En otras palabras, si dividimos el cubo de 1.000 años-luz de arista en 6,02214129 x $10^{23}$ cubitos más pequeños, cada uno de ellos contendría una sola molécula en su interior. ¿Cuánto mediría el lado de cada uno de esos cubitos?

Para simplificar los cálculos, podemos redondear el número de moléculas de un mol a $10^{24}$ moléculas. Aunque son más de las que tiene, podemos ser generosos dado el enorme espacio que tenemos para distribuirlas. Con este redondeo, cada lado del cubo de 1.000 años-luz debería dividirse en cien millones ($10^8$) de fracciones, para dar lugar a $10^{24}$ cubitos ($10^{8 \times 3}$) donde poner en cada uno una molécula de nuestro mol. Por tanto, cada lado de esos cubitos tendría 1.000 años-luz x 10.000.000.000.000 kilómetros/año-luz/100.000.000 = 100.000.000 kilómetros. ¡Cien millones de kilómetros de lado!

Cien millones de kilómetros es una distancia solo un poco inferior a la distancia media del Sol a Venus, que es de unos 107 millones de kilómetros. En un cubo con una arista de esas dimensiones, lleno de agua, encontraríamos una sola molécula de nuestro mol diluido 30 CH. Por eso decía antes que a esas diluciones la probabilidad de encontrar una molécula en una píldora homeopática es prácticamente nula. Incluso si tomáramos de ese cubo un volumen igual al de toda el agua de la Tierra, la probabilidad de "pescar" a la molécula sería igualmente prácticamente nula. El volumen de agua de la Tierra se calcula en 1.260.000.000 de kilómetros cúbicos. Parece mucho, pero es que el volumen del cubo de 100.000.000 de kilómetros de lado es de 1.000.000.000.000.000.000.000.000 kilómetros cúbicos, es decir, un cuatrillón de kilómetros cúbicos. En ese cubo cabría el agua que contuvieran más de 793 billones de planetas Tierra, y solo contendría una molécula, perdida en la inmensidad del cosmos. Vaya usted a encontrarla.

En resumen, en realidad no se puede afirmar que no se encuentre una molécula de la sustancia que sea en un preparado homeopático, pero lo que sí podemos afirmar es que la probabilidad de encontrarnos una sola de ellas en la píldora homeopática que podamos tomarnos es astronómicamente pequeña, lo que en la práctica supone que no hay ninguna. Incluso si la hubiera, deberíamos preguntarnos cómo una simple molécula de principio homeopático podría ejercer un efecto, cuando cientos de miles de billones de moléculas de los medicamentos tradicionales muchas veces no ejercen ninguno.

## Mecanismos de acción

Una vez hemos comprendido los conceptos de mol y de dilución homeopática, y comprendido también que es prácticamente imposible que encontremos una sola molécula de principio activo en los preparados homeopáticos o píldoras que venden las farmacias, podemos seguir, no obstante, formulándonos la pregunta de cómo sería posible que los principios homeopáticos a semejantes diluciones funcionaran en nuestros cuerpos enfermos. Antes de intentar responder racionalmente a esta pregunta, es importante tener en cuenta que los estudios clínicos realizados para intentar determinar si la homeopatía es eficaz ejerce un efecto superior a la administración de placebo indican que esta no es en nada superior a este último, es decir, no ejerce efecto terapéutico alguno, aunque bien es cierto que otros estudios no son tan categóricos e indican que no se puede todavía extraer conclusiones fiables.

Como probablemente sabemos, el placebo es un procedimiento médico, píldora, cápsula o inyección o igual en todo al que contiene un fármaco, pero que no lo contiene, y se administra para hacer creer a quien lo toma que recibe un tratamiento, cuando en realidad no lo recibe. Más adelante hablaremos con detalle del efecto placebo, el cual es uno de los efectos psicológicamente más interesantes que conozco. Por el momento, basta con decir que este efecto implica que el simple cuidado o atención dedicada a un enfermo, hacerle creer que nos ocupamos de él y que intentamos curarle, pone en marcha mecanismos fisiológicos que favorecen la curación, incluso cuando no administramos tratamiento farmacológico o quirúrgico eficaz alguno. Sea como sea, vamos a volver a ser generosos y a suponer que, a pesar de no estar confirmado por la ciencia, los preparados homeopáticos sí son eficaces, es decir, ejercen un efecto terapéutico superior al del placebo, para tratar y curar determinadas enfermedades. ¿Cómo ejercerían estos preparados sus efectos sobre el organismo, cuando carecen de molécula de principio activo alguna o, siendo muy generosos, solo tienen una sola molécula?

Para comenzar a abordar esta cuestión, conviene que dejemos claro el sistema, el contexto, en el que nos movemos. Este es el de una enfermedad orgánica, una enfermedad del cuerpo material, constituido por cientos de millones de células de unas dos centenas de clases diferentes: células de la piel, hepáticas, cardiacas, etc. La enfermedad supone un cambio, un desequilibrio, en el funcionamiento de algunas de esas células, bien producido por defectos propios del organismo, como por ejemplo un gen defectuoso, bien producido por una infección de esas células o del organismo entero por un microorganismo patógeno.

En ambos casos, se ha producido un defecto material, un cambio en los procesos químicos que mantienen a las células vivas con normalidad. Por ejemplo, una infección bacteriana puede conducir a la presencia de toxinas producidas por las bacterias, moléculas que matan a las células para generar más nutrientes en su beneficio. Un simple resfriado, causado por el virus del catarro, también afecta al funcionamiento de las células de las vías aéreas. Una enfermedad intestinal, hepática o pulmonar, últimamente, afecta al funcionamiento material de intestino, hígado o pulmón. Insisto en la palabra "material" porque, al hablar de células o de órganos, estamos hablando de las moléculas que hacen posible el buen funcionamiento de cada célula y el buen funcionamiento de los órganos que estas forman.

Y puesto que estamos hablando de moléculas materiales, y los fármacos, incluso los homeopáticos, son también moléculas materiales, tendremos que encontrar un modo de explicar cómo una simple molécula material situada en un cubo de cien millones de kilómetros de lado lleno de agua pueda ejercer algún efecto funcional sobre, al menos, una de nuestras pequeñas células, aunque preferentemente deba ejercerlo sobre todos los millones de células que pueden estar afectadas por una enfermedad concreta. No es tarea fácil.

## Cómo funcionan los fármacos no homeopáticos

Antes de abordar las diferentes teorías que intentan explicar cómo se podrían ejercer los supuestos efectos de los preparados homeopáticos, conviene explicar cómo funcionan los fármacos no homeopáticos, es decir los fármacos normales y corrientes, llamados alopáticos por los homeópatas. En mi experiencia, el problema mayor con el que me he encontrado para explicar esto a los alumnos de las Facultades de Medicina y de Farmacia a los que imparto clase, es que no estamos acostumbrados a pensar en términos de grandes poblaciones, sino de unidades o, como mucho, de decenas. Sin embargo, al hablar de células y de moléculas, es necesario invocar números mucho mayores.

La razón de este sesgo de nuestro pensamiento puede residir en nuestra historia evolutiva. Nacemos y nos desarrollamos en el seno de una familia que normalmente no llega a una decena de miembros. Ya es suficientemente complicado seguir la dinámica familiar, no digamos la de nuestro barrio y, por descontado, los detalles profundos de la dinámica de las relaciones entre los habitantes de una gran ciudad están casi fuera de nuestra comprensión. Y bien, las moléculas de fármacos tradicionales que, no lo olvidemos, son productos químicos materiales o moléculas biológicas más complejas todavía, funcionan no en tanto que individuos, sino en tanto que poblaciones de moléculas, poblaciones que, como cada ciudad, región o país, poseen una dinámica propia y ejercen una serie de efectos que dependen de dicha dinámica.

Ineludiblemente, un fármaco, para ejercer su efecto beneficioso sobre el organismo en su conjunto, debe actuar sobre algún proceso biológico en la gran mayoría de las células en las que este proceso se encuentra funcionando. Para ello, debe interaccionar con lo que se llama su "diana terapéutica", es decir, con una molécula que participa en el proceso biológico sobre el que pretendemos intervenir y que, al ser químicamente modificada o afectada por el fármaco, es frenado o acelerado. En otras palabras, los fármacos actúan gracias a que participan en *reacciones químicas*. Esta idea puede resultar difícil de aceptar para algunas personas, pero es lo que sin ninguna duda la ciencia ha demostrado. Un proceso biológico particular suele depender de la acción de miles de moléculas de varios enzimas funcionando, en tanto que catalizadores que aceleran reacciones químicas, en cada una de las centenas de millones de células del organismo encargadas de llevarlo a cabo. Afortunadamente, con solo modular la actividad de la mayoría de las moléculas de uno de estos enzimas, el fármaco ya puede llevar a cabo una acción. En todo caso, para que un fármaco clásico funcione es necesario una nutrida población de sus moléculas. Ya veremos luego que esta población debe ser, en general, bastante mayor que la de moléculas sobre las que el fármaco actúa.

Como hemos mencionado, los enzimas son los catalizadores de las reacciones químicas que hacen posible la vida. En ausencia de enzimas estas reacciones no se podrían llevar a cabo a una velocidad suficiente y la vida tal y como la conocemos no sería posible. Es muy interesante que nos encontremos en un universo en el que las reacciones químicas entre dos moléculas dadas no se produzcan necesariamente a una velocidad constante, como sí es constante la velocidad de la luz, u otras propiedades, tales como la masa atómica. De no poderse modificar la velocidad de las reacciones químicas, nos encontraríamos en un universo casi en todo idéntico, pero probablemente carente de vida.

Digresiones cósmicas aparte, y volviendo a la acción de los fármacos, podemos tomar como ejemplo a la conocida aspirina. Este medicamento funciona mediante la inhibición de la actividad de dos enzimas, llamados COX-1 y COX-2, cuya acción es la de acelerar una reacción química que produce unas sustancias denominadas prostaglandinas y leucotrienos, las cuales participan en los procesos de inflamación y de transmisión del dolor. Estas sustancias son producidas a partir de moléculas de grasa particulares que ingerimos con la dieta. Al bloquear la reacción química que transforma estas moléculas de grasa en leucotrienos y prostaglandinas, la aspirina impide los procesos de inflamación y también actúa como analgésico.

Para que la aspirina pueda ser eficaz es, por consiguiente, necesario que tomemos una dosis de ella, es decir, un número de moléculas, suficiente como para poder bloquear la mayoría de las moléculas de los enzimas COX que se encuentran en las células del organismo. ¿Cuántas puede haber?

Para estimarlo, debemos considerar solo dos cosas: el número de células que tienen enzimas COX en su interior (que no son todas las del organismo, sino solo unos tipos particulares) y el número de moléculas de los enzimas COX que hay en cada célula. Si quiere que le diga la verdad, desconozco la magnitud precisa de esas cifras, pero por la información que puede adquirirse en las bases de datos de genética y biología molecular sobre las células que contienen enzimas COX, y considerando que el cuerpo humano contiene alrededor de 37 billones de células ($37 \times 10^{12}$)[1], me atrevo a afirmar que no me equivoco demasiado si este número se sitúa entre los diez y los cien mil millones de células (de $10^{10}$ a $10^{11}$ células). Siendo generosos, cada célula podrá tener en su interior unas 100.000 moléculas ($10^5$) de enzimas COX. Esto indica que el número de moléculas de estos enzimas en todo el organismo puede rondar, como máximo, los diez mil billones de moléculas ($10^{16}$ moléculas). Aunque

---

[1] Bianconi E. et al. *An estimation of the number of cells in the human body*. Ann Hum Biol. 2013 Nov-Dec; 40(6):463-71. doi: 10.3109/03014460.2013.807878.

probablemente este número sea excesivo, no obstante, vamos a explorar adónde nos conduce.

Evidentemente, bloquear todas y cada una de esas moléculas no es tarea fácil, y para ello necesitaríamos al menos una molécula de aspirina por molécula de COX, suponiendo una eficacia del 100%. En la práctica, esto rara vez se consigue. Las moléculas de aspirina pueden ser eliminadas por la orina o metabolizadas e inactivadas antes de que sean capaces de unirse a una molécula de COX. Por ello, para estar seguros de que bloqueamos la mayor parte de las moléculas COX del organismo, sería bueno utilizar una dosis de aspirina que contuviera, por ejemplo, al menos diez veces más de moléculas que las moléculas de COX que poseemos. ¿Contiene una píldora de aspirina de 500 miligramos, la dosis normal de este fármaco, moléculas suficientes? ¿Cuántas contiene?

Como sabemos, la aspirina es, en realidad, el ácido acetil salicílico. A continuación incluyo la fórmula química para quien desee saber su estructura, aunque no es necesario entender cuál es para comprender lo que sigue.

**Aspirina. Ácido acetil salicílico.**
**Fórmula empírica: $C_9H_8O_4$**
**Peso Molecular: 180,16 gramos/mol**

En esta molécula, cada vértice del anillo hexagonal está ocupado por un átomo de carbono. Los átomos de hidrógeno no se encuentran siempre indicados. En cualquier caso, como también se muestra en la figura, la molécula de aspirina está formada por nueve átomos de carbono, ocho átomos de hidrógeno y cuatro átomos de oxígeno. Eso es todo. El peso molecular de esta molécula es el mismo que el de la glucosa: 180,16 gramos.

Armados con nuestro conocimiento sobre el número de Avogadro, ya sabemos que un mol de aspirina pesaría 180,16 gramos y contendría 6,02214129 x $10^{23}$ moléculas. Por consiguiente, un simple cálculo nos permite averiguar el número de moléculas de aspirina en medio gramo (500 mg). Esa pastilla tan conocida que casi todo el mundo ha tomado alguna vez contiene 0,5/180,16 x 6,02214129 x $10^{23}$ moléculas. Esto nos da la cifra de 0,0167 x $10^{23}$ moléculas o, lo que es lo mismo, 16,7 x $10^{20}$ moléculas.

Así pues, si tenemos unas $10^{16}$ moléculas de enzimas COX en nuestro cuerpo y nos tomamos una aspirina, estamos tomando alrededor de 167.000 moléculas de aspirina por molécula de COX. Es cierto, esto es solo una estimación y puede no ser correcta, pero incluso si nos hemos equivocado por un factor de diez en contra de la aspirina, lo que es muy improbable, todavía tendríamos 16.700 moléculas de este medicamento por molécula de enzimas COX al tomarnos esos 500 mg. Sea como sea, es claro que tomamos un amplio exceso molecular que garantiza que, aun con una baja eficacia de la molécula de aspirina para neutralizar las moléculas de COX, esta neutralización se producirá con seguridad y se mantendrá por un tiempo, incluso cuando la aspirina no es totalmente absorbida por el intestino, es progresivamente eliminada por la orina, metabolizada en nuestro organismo, y nuevas moléculas de COX son producidas por las células, que volverán a funcionar normalmente y a producir prostaglandinas y leucotrienos cuando la aspirina desaparezca del organismo. Por esta razón, si deseamos seguir controlando la inflamación y reduciendo el dolor, será necesario volver a tomar otra píldora de aspirina cada pocas horas.

¿Por qué es preciso tomar esta dosis molecular tan elevada para garantizar el funcionamiento de los fármacos tradicionales? Existen muchos factores que lo explican. Probablemente no los conozco todos, pero puedo comentar varios. Uno de ellos, como ya he mencionado, es la absorción del fármaco a través del intestino, que no es casi nunca del 100% y depende de la naturaleza química del fármaco. De este modo, un porcentaje de moléculas ni siquiera penetra en el organismo, permanece en el tubo digestivo, y sale por el otro lado sin haber tenido la oportunidad de actuar. Por otra parte, el fármaco que pasa a la sangre no siempre penetra en las células donde actúa. Un porcentaje del mismo permanece fuera de ellas, en la región extracelular de los tejidos y órganos o en la misma sangre, desde donde puede ser expulsado por la orina, abandonando el cuerpo aún por otro orificio diferente sin tampoco haber tenido ocasión de actuar. Además, las moléculas que pasan de la sangre a la región extracelular, formada por proteínas, lípidos y glúcidos en un medio acuoso, pueden quedar atrapadas en ella sin poder penetrar en las células. Por último, incluso las moléculas de fármaco que logran penetrar en las células pueden ser metabolizadas y degradadas antes de que encuentren una molécula de su diana terapéutica. Estos y otros factores explican que sea necesario un importante exceso molecular para conseguir que algunas moléculas de fármaco finalmente actúen frente a su diana terapéutica.

### Afinidad molecular

Además de los factores mencionados arriba, tenemos que considerar otro muy importante, el cual conviene entender ahora para poder después analizar una de las hipótesis más importantes con la que se intenta explicar cómo podría funcionar la homeopatía. Este factor es el de la afinidad molecular. ¿En qué consiste?

No revelamos nada nuevo cuando decimos que todo en el universo funciona porque los átomos tienen cierta afinidad por otros y gracias a eso son capaces de formar moléculas diferentes. Si solo existieran los alrededor de ochenta átomos estables distintos que participan en la materia y estos no se pudieran combinar entre sí, el universo sería muy aburrido, ya que usted no existiría y, lo que es peor, yo tampoco ☺. Afortunadamente, los átomos son capaces de combinarse entre sí y formar diferentes moléculas, que no son sino agrupamientos diversos de átomos.

Claro está, los átomos no se combinan entre sí todos por igual. De la misma manera que nosotros tenemos afinidades diversas por algunas personas, y unas nos caen bien y otras nos caen mal, a los átomos les sucede algo parecido. Algunos de ellos se combinan con preferencia con otros y excluyen a los demás. Por ejemplo, puestos a elegir, el átomo de carbono se combina algo mejor con el de oxígeno que con cualquier otro. El átomo de oxígeno se combina muy bien con el de hidrógeno, y por eso el agua ($H_2O$) es tan abundante en el universo, además de porque hay muchos átomos de oxígeno e hidrógeno en el mismo, claro está. Pero si aun habiendo muchos átomos de estas dos sustancias, estos no se combinaran entre sí con afinidad, el agua no existiría.

Con estas ideas, ya podemos ir atisbando lo que significa el concepto de afinidad. Este concepto no se limita a los átomos, y es particularmente importante para la vida en el caso de las moléculas. Como sabemos, las moléculas son conjuntos de átomos unidos en una configuración espacial concreta. La naturaleza de los átomos que participan en la molécula le confiere a esta, además de una forma concreta, una serie de propiedades, en particular la masa, la carga eléctrica neta (si tiene una, o varias cargas positivas o negativas) y la distribución de esta carga a lo largo de su superficie, es decir, si la carga se concentra preferentemente o no en alguna región particular de la molécula.

Así pues, cada molécula va a poseer una forma tridimensional que le capacitará o no para interaccionar, para unirse con otra que tenga una forma complementaria en la que pueda encajar. Si cuando niños hemos jugado con algún juego de construcción, seguramente recordaremos que algunas piezas de ese juego podían encajar con ciertas otras particulares, pero no encajaban con todas. La complementariedad de la forma de las piezas era muy importante para determinar si dos piezas encajaban o no. El mismo concepto aparece una y otra vez con las piezas de un puzle, con el que seguramente también hemos jugado. Aunque estas piezas poseen, en general, una forma similar, no obstante esta es lo suficientemente diferente como para impedir que encajen todas entre sí, y cada una en particular solo lo hace con unas pocas. Esas pocas, además, poseen otra serie de propiedades que les permiten encajar con sentido, como la continuidad de los dibujos y colores entre ellas. Y bien, algo muy similar ocurre a nivel de las moléculas. Para que una molécula encaje bien con otra, no solo ambas deben poseer formas complementarias, sino que deben poseer propiedades que les permitan pegarse y mantenerse unidas. La propiedad más importante para ello es la carga eléctrica y la distribución de dicha carga en su superficie. Así, una molécula con una carga positiva neta será muy difícil, por no decir imposible, que interaccione, que se una, con otra molécula de carga neta también positiva. Normalmente, las moléculas con carga neta positiva se unirán a moléculas con carga neta negativa o, al menos, a una región de una molécula que posea dicha carga negativa (las moléculas de la vida pueden ser muy grandes, para ser moléculas, y tener por ello diversas zonas de diferentes cargas en su superficie). Sin embargo, la diferencia de carga no es suficiente para asegurar que dos moléculas interaccionen con una afinidad elevada. Es necesario, además, como decía, que su forma tridimensional permita que ambas moléculas encajen, como encajan una mano y un guante o, por lo menos, como encaja un sombrero con una cabeza.

Las moléculas que poseen una forma complementaria entre sí, y además poseen una distribución de cargas que les permiten adherirse por fuerzas electrostáticas, se unirán con una afinidad elevada y, una vez unidas, será difícil que se separen. Las moléculas que no posean formas perfectamente complementarias entre sí, o que no posean una diferencia de carga eléctrica neta, si se unen entre sí, lo harán con baja afinidad y será fácil que se separen. No obstante, sea cual sea su afinidad, una vez unidas dos o más moléculas normalmente corren riesgo de separarse. ¿Por qué?

Es una buena pregunta. Veamos. En el espacio exterior lejos de cualquier estrella, en el vacío, lejos de cualquier fuente de materia y de energía, es cierto que si dos moléculas prefirieran, por baja que fuera su afinidad, estar unidas a estar separadas, una vez unidas no se separarían. Y es que para separarse hace falta una razón, de hecho, hace falta una fuerza. Si dos moléculas se unen, lo hacen con una determinada fuerza de interacción, fuerza que es necesario vencer comunicando algo de energía para que se separen. En el vacío espacial, donde no hay otras moléculas que puedan chocar con ellas, ni suficientes fotones u otras partículas que puedan comunicarles la energía necesaria, no podrán separarse y permanecerán unidas para siempre, amén.

Sin embargo, los fármacos y las moléculas de la vida a las que estos deben unirse para modular su actividad no se encuentran en el vacío, sino en medio acuoso, es decir, siempre en contacto con moléculas de agua que las están empujando y, por ello, les están siempre comunicando energía. Varias son las fuentes de esta energía. Una de ellas es la propia temperatura del cuerpo, en nuestro caso 37ºC. La temperatura no es otra cosa que una medida del grado de energía cinética de las moléculas, es decir, de la velocidad con que se agitan y chocan unas con otras. Esta temperatura de nuestro cuerpo, esta energía, proviene de la oxidación de los alimentos, de nuestro propio metabolismo. Además de esta energía, la vida supone un constante flujo de fluidos. Nuestro corazón late, la sangre se mueve por nuestras venas, pero también todos los fluidos del cuerpo, el líquido extracelular en el que están bañadas las células y órganos, e incluso el líquido intracelular, el que se encuentra en el interior de las células, están en movimiento. Este movimiento puede añadir aún más energía a las moléculas de agua que constantemente chocan entre sí y con el resto de las moléculas que están en contacto con ella.

Por esta razón, una molécula de fármaco que no posea una afinidad adecuada, incluso si se une a su diana terapéutica, será separada de ella por el choque y agitación de las moléculas de agua, o incluso por su propia agitación y vibración. En cambio, una molécula de fármaco que tenga mayor afinidad, se unirá con más fuerza y será separada de su diana terapéutica con mayor dificultad.

Aquí volvemos a encontrarnos de nuevo con la importancia del exceso molecular de fármaco respecto de su diana terapéutica. Si hay muchas moléculas de fármaco en el medio acuoso, aunque su afinidad por la diana terapéutica no sea elevada, cuando una de ellas sea expulsada, es fácil que otra que pase por los alrededores pueda sustituirla uniéndose de nuevo a la misma molécula. En otras palabras: cuando existe mucha abundancia molecular de fármaco es más fácil que, en cualquier momento dado, sus numerosas moléculas estén unidas a las de su diana terapéutica. Es cierto que estarán "entrando y saliendo", pero como dice el conocido humorista español José Mota: "las gallinas que entran por las que salen".

Así pues, en resumen, la afinidad de los fármacos por sus dianas terapéuticas es un factor importante para su eficacia, y una baja afinidad puede compensarse aumentando la dosis de fármaco administrada. Aquellos fármacos con afinidades mayores podrán tal vez ser administrados en menores dosis, siempre que los otros factores que influyen en que el fármaco encuentre su diana, de los que hemos hablado antes (paso a través del intestino, etc.), sean también adecuados. En todo caso, es imprescindible administrar un amplio exceso molecular de fármaco frente al número de moléculas de la diana terapéutica que es necesario bloquear o activar.

¿Qué relación tiene lo anterior con la homeopatía? Esta podría funcionar tal vez por otros procesos no relacionados con la afinidad molecular por una diana terapéutica. El problema es que la homeopatía no reniega del concepto de diana terapéutica; al contrario, lo acepta, ya que utiliza diferentes compuestos para diferentes indicaciones, y no discute tampoco que lo que pretende es curar dolencias que son, como hemos dicho, dependientes de procesos materiales en el organismo. Estos compuestos deberán, por tanto, afectar de diferentes formas a distintos procesos biológicos, y para ello se hace necesaria una interacción, una actuación del compuesto sobre alguno de los componentes de esos procesos biológicos, es decir, sobre diferentes dianas terapéuticas, las cuales son necesariamente moléculas.

## En busca de explicaciones

Tras dejar claro que es absolutamente indispensable que para que los fármacos clásicos funcionen estos deben administrarse en un amplio exceso molecular para asegurar su interacción con alguna de las moléculas que participan en un proceso celular que deseamos modular, podemos adentrarnos ahora en la exploración de las hipótesis más importantes que intentan explicar cómo los compuestos homeopáticos podrían funcionar a pesar de las diluciones astronómicas en las que se encuentran, las cuales, insisto, en la práctica garantizan que no haya ni una sola molécula en la píldora o preparado que podamos tomarnos. Además, incluso si tuviéramos la suerte de que se encontrara una molécula en una de las píldoras homeopáticas de la caja que hemos comprado en la farmacia, de poco valdría, ya que, como hemos explicado, esta única molécula no podría afectar a los billones de moléculas que constituyen su diana terapéutica en el organismo y que participan en el proceso bioquímico que pretendemos modificar. Así pues, faltos de suficientes moléculas de principio activo, hacen falta otras ideas para intentar explicar cómo podrían funcionar los principios homeopáticos.

Volvamos a ser generosos de nuevo, y a pesar de los numerosos estudios que indican que la homeopatía no es eficaz, o que su eficacia es dudosa, vamos a no hacerles caso y a, por lo menos, concederle el beneficio de la duda, y suponer que la homeopatía sí funciona. Es entonces lícito y necesario preguntarse ¿cómo lo hace? Al mismo tiempo, sería necesario también justificar por qué los fármacos clásicos no funcionan de acuerdo a los principios homeopáticos y en su caso es necesario un amplio exceso molecular para que actúen, mientras que para los compuestos homeopáticos, al contrario, es necesario una amplia deficiencia en la cantidad molecular para que ejerzan su acción terapéutica, deficiencia que, cuanto mayor, además, más potencia terapéutica proporciona. Por otra parte, sería necesario también explicar por qué algunos fármacos clásicos parecen en ocasiones incapaces de aliviar determinadas enfermedades o condiciones, mientras que los preparados homeopáticos sí lo consiguen. Al contrario, ciertas enfermedades no admiten tratamiento homeopático, y deben ser tratadas mediante la Medicina clásica. Estas contradicciones entre las maneras de actuación terapéutica de lo que no dejan de ser sino moléculas orgánicas (como lo son los fármacos y los derivados de plantas o animales) deben ser también resueltas.

Y bien, hasta quienes no creen en la homeopatía estarán de acuerdo en que si esta ejerce algún efecto terapéutico, después de todo, es porque el tratamiento modificará algo de nuestro organismo que no funciona bien. El medicamento homeopático actuará sobre alguna molécula, algún enzima, algún receptor celular, y modificará su actividad. Es cierto que puede haber quien crea que la homeopatía no tiene que ver con la materia, sino con el espíritu. En ese caso, puesto que el presunto mundo espiritual no es objeto de estudio científico, y cada cual puede creer lo que más le convenga sobre ese mundo, nada de lo que podamos argumentar desde el punto de vista científico será de valor alguno. No obstante, es importante mencionar en este caso la contradicción que supone que para preparar principios terapéuticos homeopáticos haya que acudir a sustancias materiales, sean estas extractos de plantas, animales o minerales. No es lógico que si la homeopatía actúa sobre el espíritu sean necesarios distintos compuestos materiales para que ejerzan distintas acciones beneficiosas concretas sobre el organismo. Posiblemente en este caso sea más eficaz ponerse directamente en contacto con las fuerzas espirituales en las que cada uno crea y dejar de preparar diluciones que, por su magnitud astronómica, bien pueden considerarse, en efecto, "espirituales", sin distinción de qué sustancia es la que hemos diluido.

Por lo que sé, existen varias hipótesis para intentar explicar el modo de funcionamiento de la homeopatía, que clasifico en dos grupos principales. El primero comprende hipótesis basadas en lo que se conoce sobre la acción de los fármacos clásicos, las cuales intentan extender este conocimiento al área de la homeopatía. Este tipo de hipótesis sobre la homeopatía, en el fondo, admite que es necesaria una cierta estructura molecular y unas ciertas interacciones moleculares para que surta efecto. En este sentido, no se invocan fuerzas espirituales, sino procesos materiales, procesos químicos o físicos, para explicar por qué y cómo funciona, y las hipótesis se apoyan en procesos materiales y no místicos o esotéricos para justificar su eficacia.

El segundo grupo de hipótesis incluye ideas más imaginativas que no tienen en cuenta la forma clásica de acción de los fármacos y suponen que la homeopatía funciona por otros efectos aún no desvelados o comprendidos completamente por la ciencia. De nuevo, en este segundo tipo de hipótesis se hace necesario explicar no solo por qué los principios homeopáticos funcionan a diluciones astronómicas, sino por qué los fármacos clásicos no pueden hacerlo en el mismo grado de dilución. Eso sí, en lo que parecen estar de acuerdo la mayoría de los defensores de estas hipótesis es en que si algo puede aclarar la situación sobre la homeopatía es la ciencia, y no suplicar a algún santo, virgen o profeta que nos revele su misterio. Algo es algo.

### La "memoria" del agua

Tal vez la hipótesis más importante de las que aún consideran los procesos químicos o físicos para explicar por qué y cómo funciona la homeopatía sea la popularmente conocida como "memoria del agua". Según esta hipótesis, el agua recordaría la estructura molecular de las sustancias disueltas en ella, aunque, según los defensores de la misma, para conseguirlo sea necesario agitarla violentamente varias veces. Esta explicación es, desde el punto de vista intelectual, muy interesante, porque, en el fondo, admite que si el tratamiento homeopático funciona es porque, aunque no sea la molécula del principio activo original la que cause los efectos farmacológicos, el agua recuerda y mantiene de alguna forma su estructura química, su información, la cual es, obviamente, fundamental para la interacción con la molécula, enzima o receptor celular cuya actividad debe modificar para ejercer un efecto terapéutico. En otras palabras, sería el agua la que, de manera indirecta, ejercería la misma actividad y generaría el mismo efecto que el fármaco original.

Por otra parte, la hipótesis de la "memoria del agua" tampoco reniega del principio químico de las diluciones, ni de que las sustancias con las que nos encontramos todos los días están formadas por cantidades enormes, pero finitas, de moléculas. Esto es un principio demostrado de la química, que la homeopatía no parece poner en duda, y de ahí que la hipótesis de la memoria del agua sea muy atractiva para explicar sus efectos.

La historia de la generación de esta hipótesis, los defectuosos estudios que permitieron postularla, y el debate subsiguiente a los mismos, en mi opinión, constituyen uno de los mejores ejemplos de los problemas con los que se encuentra la ciencia en su progreso. Puesto que considero es muy educativo, voy a dedicar algo de tiempo a explicar lo que sucedió, ya que creo que nunca se debe dejar pasar una buena oportunidad de ilustrar sobre el método científico y su poder para obtener conocimiento fiable sobre la Naturaleza.

Siempre hay que tener en cuenta que la ciencia está realizada por seres humanos, quienes no hemos sido seleccionados a lo largo de la evolución para ser científicos, sino para sobrevivir. Nuestro sistema nervioso está muy bien adaptado para extraer conclusiones rápidas sobre la realidad a partir de información parcial, conclusiones que, en ocasiones, fueron determinantes para permitir la supervivencia de nuestros ancestros, de sus familias, o de sus clanes y grupos, pero que no por facilitar la supervivencia de un individuo o de un grupo son por ello conclusiones verdaderas. Sé que me introduzco en terrenos pantanosos cuando me atrevo a decir que una de esas conclusiones rápidas basadas en información parcial que ha favorecido nuestra supervivencia es la conclusión de que existe un dios o incluso varios dioses. La mayoría de la Humanidad lleva milenios considerando cierta la existencia de al menos un dios y solo recientemente, en términos históricos, se está generando una crítica cada vez mayor contra esta creencia en gran medida gracias al conocimiento proporcionado por la ciencia. Algo similar está sucediendo con la homeopatía, pero puesto que no hemos sido seleccionados para ser científicos y, al contrario, sí lo hemos sido para creer con cierta facilidad lo que nos dicen nuestros congéneres conocidos más cercanos en los que confiamos, los progresos para desvelar y para aceptar lo que sucede realmente en la Naturaleza son mucho más lentos de lo que convendría.

La historia de la memoria del agua comienza sobre principios de la década de los años 80 del pasado siglo XX. Varios grupos de investigación, uno francés, liderado por el inmunólogo Jacques Benveniste (12 de marzo de 1935 - 3 de octubre de 2004), dos grupos israelíes, uno canadiense y otro italiano, deciden iniciar estudios para intentar aportar una base científica a la homeopatía. Estos investigadores, así como otros homeópatas, no negaban que a las elevadísimas diluciones propias de la homeopatía no existían suficientes moléculas de principio activo capaces de ejercer una acción farmacológica, es decir, estos científicos aceptaban los principios básicos de las diluciones y del número de Avogadro descubiertos por la ciencia, así como la necesidad de afectar a la mayoría de las moléculas que constituyen la diana terapéutica de un fármaco concreto. Al mismo tiempo, también creían que la homeopatía era un hecho que necesitaba una explicación científica e intentaban encontrar una.

Los rápidos avances de la Biología Molecular, la Biología Celular y la Inmunología que se habían producido en las décadas de los años 50, 60 y 70 del pasado siglo, permitieron a los equipos de investigación mencionados realizar experimentos que antes resultaban muy difíciles, si no imposibles, ya que, por ejemplo, se desconocía cómo mantener sanas, en un medio de cultivo nutritivo, a las células en el laboratorio. Este avance, conseguido en los años 50 del siglo XX [1], permitía ahora al equipo de Benveniste y sus colegas tratar a células aisladas y crecidas de manera artificial en el laboratorio con distintos fármacos o moléculas biológicas y estudiar sus efectos de forma controlada.

Benveniste, como inmunólogo que era, eligió un sistema inmunológico para intentar averiguar el mecanismo de acción de la homeopatía. Este sistema no se basaba en el uso de ningún principio homeopático, lo que tal vez hubiera levantado alguna suspicacia. Al contrario, se basaba en un bien conocido efecto que una clase particular de moléculas de anticuerpo ejercía sobre un tipo particular de glóbulos blancos de la sangre que participan en las reacciones alérgicas: los llamados basófilos.

---

[1] R. Ian Freshney. *Culture of Animal Cells: A Manual of Basic Technique and Specialized Applications* 6th Edition (2016). ISBN-13: 978-1118873656

Como sabemos, los anticuerpos son las moléculas de las defensas más importantes de la sangre, y son moléculas muy grandes. Si una molécula de glucosa posee un peso molecular de 180, la molécula de anticuerpo usada por el equipo de Benveniste posee un peso molecular de alrededor de 190.000. Es aproximadamente la misma diferencia de talla entre un niño y una ballena.

Conviene aquí hacer un breve paréntesis para explicar un poco mejor los fundamentos del experimento, que a su vez nos permitirán comprender también algo mejor los fundamentos de la alergia. Muchas personas desarrollan reacciones alérgicas al polen o a los ácaros, a la caspa de animales domésticos, a los frutos secos, etc. Estas reacciones se producen porque algunas de las proteínas contenidas en esas sustancias son identificadas erróneamente por el sistema inmune como una amenaza procedente de un potencial parásito (un gusano intestinal u otro organismo). El sistema inmune también se puede equivocar y, por desgracia, lo hace con relativa frecuencia. En este caso, el error conduce a la producción de una clase particular de anticuerpo, especializado en la lucha contra los parásitos: los anticuerpos de la clase IgE.

Una vez producidos, los anticuerpos IgE se unen a unas proteínas receptoras presentes en la superficie de algunos glóbulos blancos, también especializados en la lucha antiparasitaria. Entre estos se encuentran los eosinófilos y los basófilos[1], células cuyos nombres habrá podido ver listados en los resultados de algún análisis de sangre que usted o algún familiar se haya hecho. Estas células están normalmente en reposo, pero guardan en su interior numerosos gránulos, unas bolsitas llenas de sustancias que son tanto dañinas para los potenciales parásitos, como desencadenantes de una potente reacción inflamatoria. Es esta reacción la que causa los molestos síntomas de la alergia.

Los anticuerpos IgE unidos a estos glóbulos blancos no hacen aún nada en particular. Simplemente están ahí, adheridos a sus proteínas receptoras sobre la superficie de las células, esperando. ¿Qué esperan? Esperan que la proteína que ha sido detectada como extraña por el sistema inmune (la del polen, los ácaros, o los frutos secos, por ejemplo) pase por ahí y pueda ser captada por varias moléculas de esos anticuerpos al mismo tiempo. En ese caso, las proteínas receptoras a las que se encuentran unidos envían una señal molecular al interior de los eosinófilos y los basófilos que origina finalmente que estos liberen el contenido de sus gránulos al exterior. Cuando esto sucede, la secreción de los gránulos y la liberación de las sustancias que contienen modifica la capacidad de estas células para ser teñidas con el colorante azul de toluidina y esta diferencia puede ser vista fácilmente al microscopio.

---

1 Kelly D. Stone et al. IgE, Mast Cells, Basophils, and Eosinophils. J Allergy Clin Immunol. 2010 Feb; 125(2 Suppl 2): S73–S80.

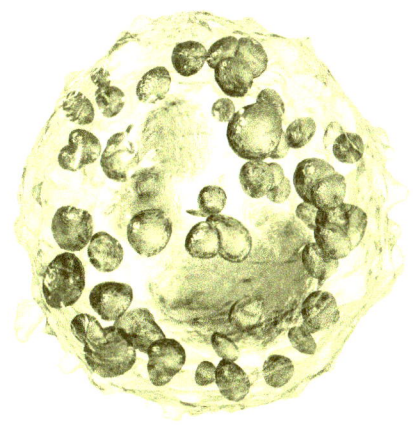

*Representación de un basófilo con su contenido de gránulos[1]*

Entre las sustancias contenidas en estos gránulos se encuentra la famosa histamina, una pequeña molécula que participa de manera muy importante en el proceso inflamatorio en respuesta a una infección o al ataque de un parásito, y puede generar los picores o la urticaria típicos de las reacciones alérgicas más comunes. Considerando que el 25% de la población de los países desarrollados es alérgica a alguna cosa, los fármacos antihistamínicos, aquellos que bloquean la actividad de la histamina, se encuentran entre los más vendidos.

Aprovechando la actividad de los anticuerpos IgE sobre los basófilos, Benveniste y sus colegas pusieron en marcha un protocolo de estudio para analizar cómo se desarrollaba la liberación de los gránulos de los basófilos en respuesta a

---

1 Blausen.com staff. "Blausen gallery 2014". Wikiversity Journal of Medicine. DOI:10.15347/wjm/2014.010. ISSN 20018762. - Own work

diluciones crecientes de IgE en el rango homeopático. Los resultados de estos experimentos, publicados en la revista *Nature* en 1988[1], indicaron que incluso a diluciones de los anticuerpos IgE tan elevadas que en ellas era virtualmente imposible que se encontrara ni una sola molécula de ellos, los basófilos sufrían el proceso de liberación de los gránulos.

Estos resultados fueron explicados invocando una nueva propiedad del agua que se manifestaba al preparar diluciones en condiciones de fuerte agitación, lo que parecía ser necesario para generar los efectos observados, en consonancia con lo propuesto inicialmente por Hahnemann. Esta nueva propiedad fue bautizada por un periodista como "memoria del agua". La idea era que en contacto con las moléculas y en agitación, las moléculas de agua se organizaban en una estructura molecular similar a la de las moléculas que se encontraban en su seno. Esta estructura era mantenida por las moléculas de agua, comunicadas de unas a otras, amplificada por el proceso de dilución y agitación, y mantenida por largos periodos de tiempo. Es importante tener en cuenta que cuando hablamos de memoria a nivel molecular, esta siempre tiene que estar relacionada con el mantenimiento continuado de una estructura química en el espacio. De esto es realmente de lo que se trata si el agua es capaz de adquirir la información sobre la estructura

---

*1 Davenas, F. Beauvais, J. Amara, M. Oberbaum, B. Robinzon, A. Miadonnai, A. Tedeschi, B. Pomeranz, P. Fortner, P. Belon, J. Sainte-Laudy, B. Poitevin, J. Benveniste, Human basophil degranulation triggered by very dilute antiserum against IgE, Nature 333, 816-818 (30 Jun 1988).*

molecular de las sustancias que entran en contacto con ella y de mantenerla en el tiempo. Eso es, en realidad, la memoria: el mantenimiento en el tiempo de la información, la cual siempre implica una cierta ordenación en el espacio de los átomos y de las moléculas. Sin un orden molecular dado, cualquier información es imposible.

Más adelante hablaremos con más detalle de si el agua puede, dadas sus propiedades físicas y químicas, adquirir información y mantenerla en el tiempo o no. Hablemos ahora a los resultados de los experimentos de Benveniste y sus colegas. Su publicación desencadenó una serie de consecuencias, tanto científicas como sociológicas, que me parece interesante analizar brevemente, porque ilustran bastante bien el proceso científico y su repercusión social.

En primer lugar, la publicación de este controvertido trabajo en la prestigiosa y respetadísima revista *Nature* vino acompañada de una carta del entonces su editor, John Maddox, en la que manifiesta que la publicación se debe en parte a su intención de impedir que Benveniste y sus colegas se convirtieran en Galileos modernos, mártires de la ciencia, perseguidos y desprestigiados por la comunidad científica, pero respaldados y sostenidos por buena parte de la sociedad. Vemos aquí las implicaciones que un descubrimiento aparentemente extraordinario en un área de la ciencia que impacta sobre la salud tiene sobre las relaciones y valores sociales, y también la influencia que lo sucedido históricamente con muchas figuras importantes de la ciencia, perseguidas e incluso ejecutadas por defender sus ideas científicas, ejerce sobre la ciencia en la actualidad.

En segundo lugar, y en el ámbito más científico que sociológico, aparecen los que niegan que los resultados sean ciertos, es decir, los que mantienen que se ha producido algún error, o simplemente, se trata de una invención de los resultados de los experimentos. En este grupo de personas se encuentran los que insisten en repetir los estudios de forma más controlada, para asegurarse de que las observaciones, incluso si son honestamente realizadas, no son consecuencia de algún sesgo o de alguna práctica inadecuada a la hora de realizar los experimentos. En este grupo, y de modo excepcional, ya que esto no suele suceder en ciencia, también se encontraron los científicos revisores designados por la revista *Nature* para evaluar la calidad de los estudios y los datos científicos presentados por Benveniste y sus colegas. De hecho, el editor de la revista *Nature* había accedido a publicar este estudio con la condición de que un equipo de investigadores pudiera personarse en el laboratorio de Benveniste para repetir por su cuenta los estudios y comprobar por sí mismo los resultados.

Como digo, esta solicitud por parte de la revista *Nature*, o por cualquier otra, es extremadamente inusual. Más inusual todavía cuando en el equipo de expertos enviado al laboratorio de Benveniste, el editor no incluyó a ningún biólogo –ni bioquímico, por otra parte– y estuvo compuesto por el propio editor de la revista, físico de formación, por un experto en fraude científico, Walter Stewart, que no era investigador científico y, finalmente, por el mago y crítico feroz de los fenómenos paranormales, James Randi, muy conocido por su desafío, y el de la fundación educativa que lleva su nombre, de ofrecer un millón de dólares a cualquiera que pueda demostrar fehacientemente la existencia de fenómenos paranormales (oferta que realizó motivado por el problema de la homeopatía). Hasta la fecha, nadie ha ganado el premio.

Este equipo de expertos solicitó al equipo de Benveniste repetir los experimentos en formato de experimento ciego, lo que ellos no habían hecho en los estudios iniciales. Curiosamente, el tema de los experimentos ciegos, a pesar de su nombre, proporciona mucha luz sobre los serios problemas que es necesario superar para alcanzar la verdad, lo cual es el mayor objetivo de la ciencia.

Un estudio ciego es aquel diseñado de manera que el experimentador no conoce lo que ha administrado a células o a pacientes sino hasta después de que obtiene los resultados de la prueba o experimento. En el caso de los ensayos de Benveniste, un experimento ciego sería aquel en el que se administrara a los basófilos diferentes diluciones de los anticuerpos IgE, pero sin saber cuáles son esas diluciones. Otra persona las tendría que preparar de manera secreta y dárselas al experimentador sin decirle cuál es en cada caso el factor de dilución empleado. El experimentador trataría con ellas a los basófilos, observaría los efectos del tratamiento y tomaría nota de ellos. Solo después de hacer estas observaciones, su colega revelaría al experimentador cuáles han sido las diferentes diluciones empleadas en cada caso.

Los experimentos ciegos son necesarios para evitar el llamado sesgo del experimentador. Este sesgo se produce debido a la influencia de los deseos del investigador por obtener en sus experimentos unos resultados que confirmen sus expectativas. Los deseos interfieren en la interpretación objetiva e imparcial de los datos, e incluso en el diseño de los experimentos, que consciente o inconscientemente se realizan con la intención de obtener o confirmar los resultados esperados, falseando de este modo la realidad. Asimismo, en el caso de tratarse de estudios con pacientes, estos perciben los deseos del médico que realiza el estudio y, por sorprendente que parezca, sus respuestas al nuevo tratamiento pueden estar también sesgadas por estos. Por estas razones, la realización de un experimento ciego fuerza al investigador a analizar e interpretar los datos antes de saber qué tratamientos ha empleado con sus células o con sus pacientes, lo que impide que las expectativas que el investigador alberga sobre los resultados interfieran en su interpretación y análisis de los mismos[1].

El equipo de investigación de Benveniste fue así obligado por el equipo de expertos seleccionado por *Nature* a realizar un experimento de manera que las diferentes diluciones de IgE con las que se iban a tratar a los basófilos no eran conocidas por los

---

1 William Broad and Nicholas Wade. Betrayers of the truth. Simon and Schuster (1983). ISBN-978-0671447694.

investigadores. El código utilizado para ocultar el orden en el que las diferentes concentraciones de los anticuerpos IgE se administraban fue incluso envuelto en papel de periódico y pegado al techo del laboratorio con cinta adhesiva, de manera que nadie del equipo de Benveniste pudiera tener acceso a este código antes de conocer los resultados del experimento. Los cuadernos de anotaciones de los investigadores fueron fotografiados tras la realización de los experimentos y el procedimiento fue grabado en video.

¿Qué resultados ofreció todo este extraordinario protocolo de seguridad científica? Y bien, en estas condiciones no se pudo observar efecto de memoria del agua alguno. El editor de *Nature* publicó un informe[1] en su revista en el que explicaba que los estudios realizados indicaban la ausencia de efecto de las elevadas diluciones de IgE, y en el que afirmaba, por tanto, que la hipótesis de la memoria del agua era innecesaria, puesto que no había efecto alguno que explicar. El informe aseveraba que el equipo de Benveniste había sido presa del sesgo del investigador y que sus propios deseos sobre la realidad habían conducido a una interpretación irreal de los datos. El informe también menciona que dos de los investigadores del equipo de Benveniste recibían estipendios de la compañía homeopática Boiron, un "estímulo" adicional para obtener resultados que

---

1 John Maddox, James Randi, Walter W. Stewart. "High-dilution" experiments a delusion. Nature 334, 287-290 (28 July 1988) | doi:10.1038/334287a0.

complacieran a la compañía que, en parte, financiaba las investigaciones, lo que es otro sesgo bien conocido en ciencia.

## PROBLEMAS DE MEMORIA

Vamos ahora a analizar con algo más de detalle el supuesto fenómeno de la memoria del agua, invocado para explicar los supuestos datos experimentales obtenidos por Benveniste y sus colegas. Según este efecto, como ya hemos brevemente mencionado antes, el agua "recordaría" la estructura molecular de las sustancias disueltas en ella, aunque para que lo consiga sea necesario agitarla violentamente varias veces. Esta explicación es muy interesante desde el punto de vista intelectual porque, en el fondo, admite que si el tratamiento homeopático funciona es porque, aunque no sea la molécula de principio activo original la que cause los efectos farmacológicos, el agua ha mantenido de alguna forma su estructura química, su información, la cual es, obviamente, fundamental para la interacción con la molécula, enzima o receptor celular cuya actividad debe modificar si ha de ejercer un efecto terapéutico. Así pues, en realidad, esta hipótesis para explicar la homeopatía admite que es necesaria una cierta estructura molecular y unas ciertas interacciones moleculares para que ejerza efecto. En otras palabras, vuelvo a insistir en que esta hipótesis acepta principios médicos y farmacológicos establecidos y se apoya en procesos materiales y no místicos o esotéricos para justificar su eficacia.

Postular que, tratada en ciertas condiciones, el agua debe poseer una "memoria" de las sustancias que ha disuelto es igualmente necesario porque los homeópatas tampoco reniegan del principio químico de las diluciones, ni de que las sustancias con que nos encontramos todos los días están formadas por cantidades enormes, pero finitas, de moléculas. Esto es una realidad demostrada por la química que la homeopatía tampoco discute. La homeopatía acepta que a las diluciones que emplea, en efecto, la probabilidad de que exista una molécula en un preparado es prácticamente nula y de ahí que invoque una memoria del agua, u otras hipótesis no menos arriesgadas y aún más alejadas de lo que la ciencia conoce, como mecanismo para explicar sus efectos.

Hasta aquí todo parece científico y racional. La hipótesis de la memoria del agua es, de hecho, un postulado que intenta respetar los principios científicos establecidos sobre el funcionamiento de los fármacos. Sin embargo, esta hipótesis se enfrenta al menos con dos obstáculos, en mi opinión, insuperables, lo que la convierte en una hipótesis falsa. Veamos cuáles son.

El primero de los obstáculos está relacionado con las propiedades químicas de las moléculas que actúan como fármacos. Estas moléculas, en general orgánicas, es decir, cuyo "esqueleto" está constituido por cadenas de carbono, están formadas por al menos los cuatro átomos más importantes para la vida, que son, como sabemos, además del carbono (C), el hidrógeno (H), el oxígeno (O) y el nitrógeno (N). La combinación de estos cuatro átomos en grupos de diferentes configuraciones genera las propiedades químicas de las sustancias concretas. Así, un grupo –COOH (formado por un C unido a dos O, uno de los cuales está unido a un H) posee propiedades ácidas, ya que puede perder fácilmente un $H^+$ (un protón), y convertirse así en –$COO^-$, que posee una carga negativa neta. Este grupo químico se encuentra en sustancias tan cotidianas como el vinagre, que posee ácido acético (de fórmula $CH_3$–COOH) junto con agua y otras sustancias derivadas de la fermentación acética del vino. Otro ejemplo es el grupo –$NH_3^+$ (formado por un N unido a tres H), similar al familiar amoniaco, el cual posee carga neta positiva.

La formación de estos y otros grupos de átomos, con cargas eléctricas netas o no, y con otras propiedades de masa, polaridad electrostática, flexibilidad de enlaces químicos, etc., es la que proporciona una gran diversidad de propiedades químicas y plasticidad a las moléculas orgánicas, sean estas fármacos o moléculas propias de los seres vivos. Centrándonos en las más importantes para lo que nos ocupa, estas son la propiedad de poseer zonas de carga eléctrica neta positiva o negativa, y la propiedad de tener grupos sin carga con afinidad por el agua (hidrófilos) o que, al contrario, la repelen (hidrófobos). Estas propiedades de las moléculas orgánicas son fundamentales para permitir numerosas interacciones moleculares, las cuales, además, pueden alcanzar una elevada afinidad debido a la fuerza de atracción entre cargas de signo opuesto. Por ejemplo, una molécula que posea un grupo –$COO^-$ probablemente tendrá preferencia hacia interaccionar con otra con un grupo –$NH_3^+$, grupos químicos que, por su cargas opuestas, pueden interaccionar con alta afinidad. Como ya he mencionado, las zonas hidrófilas o hidrófobas de las moléculas orgánicas de acción farmacológica también pueden ser fundamentales para su interacción con alguna diana terapéutica.

Ya hemos explicado (página 32) la importancia de la afinidad molecular entre un fármaco y su diana terapéutica para que aquel pueda ejercer una actividad curativa. Esta afinidad molecular es muy dependiente tanto de la forma complementaria del fármaco, relativa a la zona de la molécula diana terapéutica a la que se va a unir, como de las propiedades químicas de dicho fármaco, sobre todo las propiedades de carga y polaridad eléctrica que posibilitan dichas interacciones. La presencia de estos grupos cargados $-COO^-$ y $-NH_3^+$, y otros en los que participan el carbono y el nitrógeno, así como también oxígeno y el hidrógeno, es absolutamente fundamental para permitir esas interacciones.

Sin embargo, como todos sabemos, el agua solo está formada por oxígeno e hidrógeno, su fórmula química es la conocidísima $H_2O$. Con solo tres átomos, dos de ellos iguales, el agua no puede generar otros grupos de átomos con diversas propiedades químicas. De hecho, el único grupo químico que posee el agua es el grupo $-OH$. Este grupo posee polaridad de carga eléctrica (la carga eléctrica a su alrededor es asimétrica y la zona donde se encuentra el oxígeno es más negativa que la zona donde se encuentra el hidrógeno), pero no puede generar cargas eléctricas netas de ningún signo, salvo cuando la molécula de agua deja de serlo y se rompe en $H^+$ y $OH^-$.

Más adelante hablaremos de las fascinantes propiedades del agua que son pertinentes para analizar si tiene memoria o no. Por el momento, volvamos a ser generosos y supongamos que el agua sí posee memoria y puede "copiar" las estructuras químicas de las sustancias orgánicas que se encuentran en su seno. Aun así, el agua no podría copiar en ningún caso las propiedades químicas de dichas moléculas, ya que carece de dos de los átomos más importantes de estas el carbono y el nitrógeno, sin los cuales es imposible que copie y almacene en su seno con suficiente fidelidad las propiedades químicas de los fármacos o sustancias que ha diluido previamente. El agua se enfrenta a un problema similar al que tendríamos nosotros si pretendiéramos copiar la información de este texto con tan solo la mitad de las letras del alfabeto. Nos resultaría extremadamente difícil, por no decir imposible.

### RECUERDOS AHOGADOS EN TIEMPO RÉCORD

El segundo serio obstáculo con el que se enfrenta la hipótesis de la memoria del agua es la incapacidad de esta para copiar y mantener estructuras en el tiempo, lo que, como hemos dicho, es necesario para que cualquier material pueda almacenar información, es decir, poseer memoria. Es este un problema grave para aceptar la hipótesis de la memoria del agua, ya que todos los conocimientos adquiridos sobre las propiedades moleculares del agua indican que esta, en estado líquido, (que es el estado en el que se encuentra en los seres vivos), es incapaz de mantener información alguna en el tiempo. Recordemos que en el mundo molecular en el que nos movemos, la información no se almacena en memorias USB, o en discos duros, ni es lo que nos cuentan los medios de información. En el mundo molecular, la información es el mantenimiento de una estructura atómica o molecular ordenada en el tiempo.

¿Por qué el agua líquida no puede almacenar información molecular? Para entenderlo, es necesario comprender la estructura de la molécula de agua y la dinámica de los billones de billones de moléculas de agua en estado líquido que se encuentran en nuestro cuerpo. Como ya hemos mencionado y todos sabemos, la molécula de agua está formada por un átomo de oxígeno y dos de hidrógeno. Estos átomos están unidos mediante enlaces covalentes, que se producen gracias a que los átomos implicados en ellos comparten electrones entre sí. Los electrones compartidos en el enlace se sitúan con mayor probabilidad en áreas concretas del espacio que rodean los núcleos atómicos, llamadas orbitales. Es la configuración geométrica de estos orbitales la que confiere la estructura tridimensional a las moléculas. En el caso del agua, aunque con solo tres átomos, estos no se colocan en línea recta. Los orbitales alrededor del núcleo del átomo de oxígeno (que posee seis electrones que podría compartir) forman un tetraedro ligeramente irregular. El átomo de oxígeno se sitúa en su centro, y los enlaces establecidos con los dos átomos de hidrógeno (que solo pueden compartir el único electrón que poseen), formados por los electrones compartidos entre el hidrógeno y el oxígeno, se dirigen hacia dos de los vértices del tetraedro. Los otros cuatro electrones del oxígeno que no participan en los enlaces con los dos átomos de hidrógeno se sitúan, de dos en dos, en los otros dos vértices del tetraedro (figura siguiente).

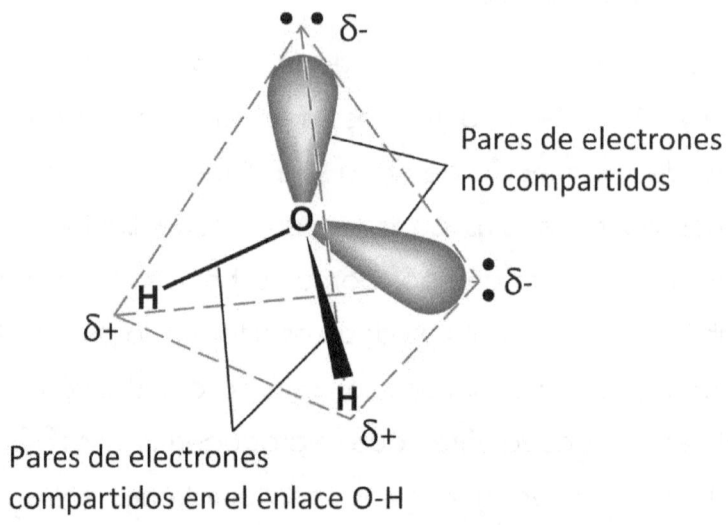

Pares de electrones no compartidos

Pares de electrones compartidos en el enlace O-H

Mediante análisis espectroscópico y de rayos X se ha determinado que la distancia interatómica media H–O es de 0,0965 nanómetros (un milímetro contiene un millón de nanómetros) y que el ángulo entre los dos átomos de hidrógeno es de 104,5°, ligeramente menor que el ángulo de un tetraedro regular (109,5°). Esto parece ser un capricho de la Naturaleza, pero no lo es. La razón de esta distorsión con respecto a un tetraedro regular reside en el hecho de que los vértices donde se sitúan los electrones solitarios se repelen con más fuerza que los vértices en donde se sitúan los dos átomos de hidrógeno, ya que en este caso los dos electrones de esos vértices están eléctricamente neutralizados por el protón del átomo de hidrógeno. Esto no sucede en los vértices donde no hay átomos de hidrógeno, que acumulan por ello una mayor densidad de carga negativa, lo que causa su repulsión, y la ligera apertura del ángulo.

La asimetría en la distribución de carga eléctrica en la molécula de agua que explica sus propiedades geométricas, es igualmente lo que permite explicar las *propiedades emergentes* del agua, es decir, las que aparecen, las que emergen, cuando se reúnen muchas moléculas de agua. Estas propiedades incluyen la tensión superficial, el punto de congelación, el punto de ebullición, la densidad y la forma en que esta varía con la temperatura, etc.; propiedades que no poseen las moléculas solitarias y que no existen sino cuando se congregan unos cuantos miles de billones de moléculas de agua.

Estas y, de hecho, la totalidad de las propiedades del agua en dos de sus tres estados (sólido y líquido) dependen de su asimetría molecular. El tetraedro formado por cada molécula de agua no solo es ligeramente irregular desde el punto de vista geométrico sino, sobre todo, desde el punto de vista de su distribución de cargas eléctricas. Los vértices del tetraedro en los que se mueven los electrones no compartidos con los átomos de hidrógeno poseen un ligero exceso de carga negativa (representada en la figura anterior por δ-). Por el contrario, los vértices en los que se sitúan los dos hidrógenos poseen un exceso de densidad de carga positiva (representada en a figura por δ+).

De este modo, la molécula de agua, aunque no posee una carga eléctrica neta, sí posee una distribución de carga asimétrica entre diferentes regiones. Posee dos regiones parcialmente positivas y otras dos regiones parcialmente negativas. Es por ello considerada una molécula bipolar.

La naturaleza bipolar de cada molécula de agua permite que se establezcan interacciones electrostáticas entre ellas, ya que cargas de signo opuesto se atraen. Puesto que estas interacciones se producen siempre entre dos moléculas de agua mediante la intermediación de la parte de una de ellas donde se sitúa un átomo de hidrógeno, estas interacciones se denominan *puentes de hidrógeno*. Estos puentes de hidrogeno funcionan de la siguiente manera: un vértice del tetraedro de una molécula de agua donde se sitúa un átomo de hidrógeno ($\delta+$) interacciona con un vértice del tetraedro de otra molécula de agua donde se colocan un par de electrones no compartidos ($\delta-$). Como cada molécula de agua posee cuatro vértices, puede establecer cuatro puentes de hidrógeno con otras cuatro moléculas de agua, como se muestra en la figura siguiente[1]:

---

[1] Créditos: Figura cortesía de Wikipedia commons. By User Qwerter at Czech wikipedia: Qwerter. Transferred from cs.wikipedia; Transfer was stated to be made by User:sevela.p. Translated to english by by Michal Mañas (User:snek01). Vectorized by Magasjukur2 - File:3D model hydrogen bonds in water.jpg, CC BY-SA 3.0, https://commons.wikimedia.org/w/index.php?curid=14929959

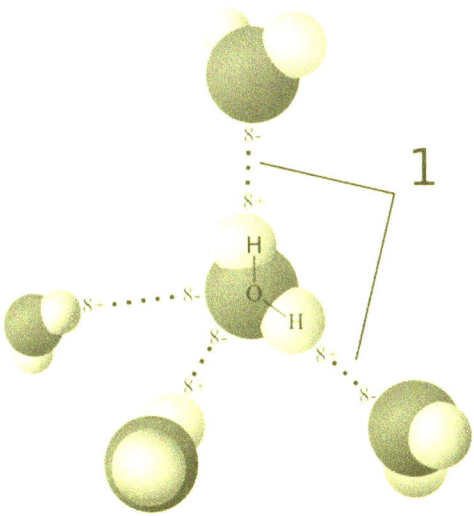

Los puentes de hidrógeno son enlaces relativamente débiles, y no se necesita mucha energía para romperlos uno a uno. Los estudios realizados indican que en el caso del hielo, en efecto, cada molécula de agua está unida a otras cuatro por puentes de hidrógeno. A su temperatura de congelación (o a una temperatura inferior), las moléculas de agua carecen de energía suficiente como para separarse de las otras rompiendo los puentes de hidrógeno que las mantienen unidas. Se establece de este modo un entramado molecular en el que cada molécula se encuentra fijada a cuatro de sus compañeras. Este entramado deja mucho espacio vacío entre las moléculas, lo que explica la menor densidad del hielo respecto de la del agua líquida.

Los estudios realizados también han confirmado que, en el caso del agua líquida, no todas las moléculas de agua están unidas por puentes de hidrógeno formando un entramado. A una temperatura superior a la del punto de congelación, aunque en cada instante muchas sí están unidas al menos a otra molécula de agua, o incluso a dos a tres o a cuatro al mismo tiempo, las moléculas de agua poseen suficiente energía térmica como para soltarse de la atracción de las demás. Muchas, por consiguiente, se encuentran sueltas, libres, lo que les permite colarse por entre los huecos que forman el resto de las moléculas unidas por puentes de hidrógeno. Esto implica que el volumen ocupado por un número concreto de moléculas de agua líquida es menor que el ocupado cuando estas moléculas están congeladas, dejando amplios huecos entre ellas. Por esta razón el hielo flota sobre el agua líquida.

Así pues, en el caso del hielo, todas las moléculas de agua están unidas a otras cuatro y forman un entramado molecular enorme, fijo, y lleno de espacio interior. En el caso del agua líquida, en cambio, el aumento de temperatura ha conseguido comunicar suficiente energía como para que algunos puentes de hidrógeno se rompan y algunas moléculas de agua se suelten de las demás. Sin embargo, no todos están rotos. De ser así, las moléculas de agua no se encontrarían en estado líquido, sino libres en estado gaseoso (ver figura siguiente).

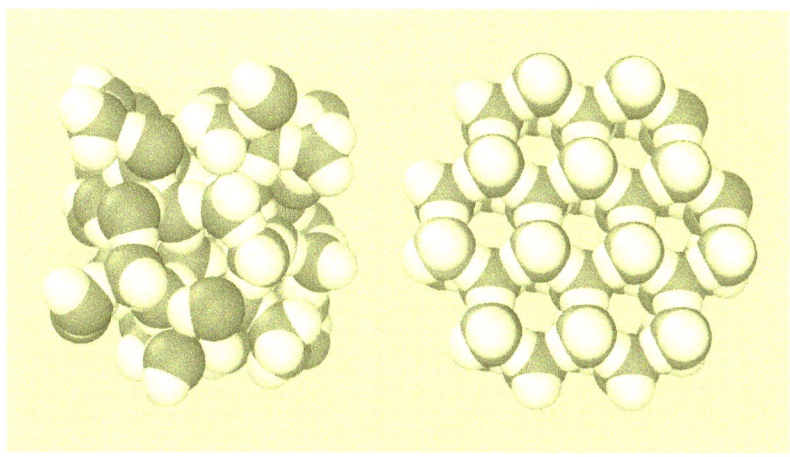

*A la derecha se muestra la estructura del hielo; a la izquierda, la estructura del agua líquida. Ver texto para explicaciones adicionales. (Figura cortesía de Wikipedia commons[1].*

De hecho, para mantener el agua en estado líquido es necesario que la mayoría de las moléculas estén unidas entre sí por puentes de hidrógeno. En estado líquido, las moléculas de agua poseen suficiente energía térmica como para romper los enlaces de hidrógeno con las moléculas vecinas, pero no para liberarse por completo y abandonar el líquido en forma de vapor. Por esta razón, lo que sucede es que los enlaces de hidrógeno se rompen entre una molécula y sus vecinas, pero inmediatamente se vuelven a formar con otras moléculas de agua diferentes de las anteriores. En estado líquido, las moléculas de agua se encuentran en un interminable baile en el que, como en esos de las películas costumbristas, cada bailarín cambia varias veces de

---

1 *https://en.wikipedia.org/wiki/Water#/media/File:Liquid-water-and-ice.png)*

pareja. Así, se ha determinado que en el estado líquido las moléculas de agua forman "racimos", grupos, formados por millones o incluso miles de millones de moléculas (según la temperatura sea más alta o más baja). Estos "racimos moleculares" no son estables, sino que se forman y se destruyen con una rapidez morrocotuda, intercambiando entre ellos moléculas de agua y formando diferentes racimos con gran rapidez.

¿A qué velocidad se modifican estos racimos de moléculas de agua? Los estudios realizados desde los años 50 del pasado siglo, confirmados más recientemente, indican que lo hacen a una enorme velocidad, ya que cada puente de hidrógeno en el agua líquida a temperatura ambiente (25°C) tiene una duración del orden de un picosegundo, es decir, una billonésima de segundo[1], aunque otras determinaciones más recientes indican que este tiempo es aún menor[2]. Así, siendo espléndidos, en un solo segundo, una molécula de agua puede formar o destruir un billón de puentes de hidrógeno —aunque probablemente aún sean más— con otras moléculas de agua, las cuales están sufriendo el mismo rapidísimo proceso de creación y ruptura de puentes de hidrógeno. Para que nos hagamos una idea de la magnitud de este número, un picosegundo es a un segundo lo que un segundo es a 31.710 años. Hablando de memoria, un

---

[1] Alenka Luzara and David Chandler. *Structure and hydrogen bond dynamics of water-dimethyl sulfoxide mixtures by computer simulations.* J. Chem. Phys. 98 (10), 15 May 1993.

[2] Cowan, M. L.; et al. (2005), "Ultrafast memory loss and energy redistribution in the hydrogen bond network of liquid H2O", Nature 434: 199–202, doi:10.1038/nature03383

tiempo suficiente como para que nadie se acuerde ya de ninguno de nosotros.

Podemos comprender ahora la dificultad que el agua líquida tiene para poder almacenar información en el tiempo y poseer así una "memoria". Es cierto que el agua podría formar entramados compuestos por muchas moléculas unidas por puentes de hidrógeno y que estos entramados podrían imitar la estructura de otras moléculas que hubieran sido previamente disueltas en ella. De hecho, debido a la rapidez de formación y destrucción de racimos de todas las estructuras posibles, el agua podría imitar la estructura base, el esqueleto, de prácticamente cualquier molécula, hubiera estado en contacto con ella o no. Sin embargo, esa misma rapidez de formación y destrucción de racimos moleculares impide que esas estructuras se mantengan en el tiempo.

Así pues, el conocimiento científico sobre los grupos de átomos que participan en las interacciones entre las moléculas biológicas y los fármacos y otras sustancias terapéuticas, que el agua no puede imitar por carecer de dos átomos fundamentales de las moléculas orgánicas (C y N), junto con el conocimiento de la enorme rapidez de formación y destrucción de los únicos entramados que posibilitarían el almacenamiento de información por el agua, indican que no es posible que el agua posea "memoria" de ningún tipo. El agua no puede almacenar información molecular por un tiempo suficientemente largo, información que, de todos modos, sería parcial y defectuosa.

## Yo sigo

Es chocante que el grupo de Benveniste eligiera a los anticuerpos IgE como las moléculas con las que estudiar la posibilidad de una actividad homeopática. Las moléculas de IgE son muy grandes y muy complejas y, como sucede cuando debemos acordarnos de cualquier cosa muy compleja, es necesario una mayor cantidad de memoria que para acordarse de cosas más simples. La complejidad de las moléculas de IgE dificultaría mucho el supuesto almacenamiento de información por parte del agua en los experimentos. En este sentido, la hipótesis de la "memoria del agua" postulada no ya para moléculas sencillas, sino para moléculas muy grandes y complejas, como las IgE, refleja el grado de temeridad científica al que Benveniste y sus colegas estuvieron dispuestos a llegar.

Esta temeridad no fue, sin embargo, la mayor a la que llegaron. Las críticas de la comisión de expertos de la revista *Nature*, así como las de otros científicos, llevaron a Benveniste, lejos de a abandonar sus ideas, a intentar probarlas por otros medios y a abrazar explicaciones "científicas" cada vez más inverosímiles. Durante 1990 y 1991, Benveniste llevó a cabo experimentos con histamina diluida (hasta $10^{41}$ veces), que inyectaba en el corazón de cobayas para estudiar sus efectos. Benveniste informó de que estos efectos eran contrarrestados por campos electromagnéticos de baja frecuencia en el caso de las diluciones en el rango homeopático, pero estos campos no podían hacer lo mismo con las diluciones clásicas.

Los supuestos resultados de estos experimentos llevaron a Benveniste a postular que la "memoria del agua", la información almacenada por esta en el caso de las diluciones homeopáticas, podía transmitirse mediante ondas electromagnéticas al agua pura y a distancia. A partir de 1992, Benveniste llevó a cabo una serie de experimentos con un dispositivo electromagnético de su invención con los que afirmó ser capaz de "impregnar" el agua pura a distancia con la información contenida en una solución homeopática y conseguir, por tanto, conferir propiedades terapéuticas concretas al agua pura sin necesidad de diluir nada en ella. Me va a permitir la licencia, pero de ser cierto, esto es lo más cercano al agua bendita que la ciencia jamás pudo conseguir. Yo la llamaría "agua Benvendita".

Utilizando la informática, en 1995, Benveniste dice ser capaz de grabar la información emitida por diluciones homeopáticas en el disco duro de un ordenador y de trasmitir luego esta información al agua pura, que queda así de nuevo "impregnada". En 1996, Benveniste afirma haber sido capaz de grabar la información contenida en una solución homeopática preparada en Clamart (Francia) y de transmitirla a través del océano Atlántico hasta Chicago, donde afirma que el agua así impregnada ejerce los mismos efectos biológicos que la disolución preparada en Francia. Esto le conduce a crear una empresa llamada DigiBio, que operó de 1997 a 2001, y a afirmar el nacimiento de una nueva y revolucionaria disciplina científica: "la biología numérica". Por desgracia, o por fortuna, esta nueva disciplina ha sido abandonada y olvidada por la ciencia desde aquellos años pioneros.

No obstante, este abandono no fue antes de atraer cierta atención de científicos ilustres, como es el caso del profesor Luc Montagnier, premio Nobel de Medicina en 2008, otorgado por ser el descubridor del virus de la inmunodeficiencia humana (VIH), más conocido como el virus causante del SIDA. El profesor Montagnier postula que para explicar el fenómeno de la memoria del agua (el cual, sorprendentemente, da por cierto y probado) es necesario apelar a la mecánica cuántica, lo cual es rara vez realizado en Biomedicina (y por buenas razones). Según este científico, puesto que a nivel celular la escala de tamaños es la nanométrica, es la mecánica cuántica la que rige los fenómenos a dicha escala. La mecánica cuántica postula que las partículas son a la vez materia y onda, por lo que las ondas bien podrían poseer las mismas propiedades que la materia que las ha emitido.

En mi humilde opinión, estas "explicaciones" no atacan el verdadero problema de cómo el agua almacenaría la información en primer lugar, condición indispensable para luego transmitirla. Ya hemos hablado de la rapidez de creación y destrucción de los puentes de hidrógeno entre las moléculas de agua que impide el establecimiento de estructuras estables. Por otra parte, esas ideas tampoco abordan el problema de cómo esa información actuaría sobre una diana terapéutica modificando su actividad. Mecánica cuántica o no, es siempre necesario un mecanismo, un proceso, por el cual las cosas funcionan, y las "explicaciones" cuánticas del profesor Montagnier no proporcionan ninguno. Incluso los ordenadores cuánticos que se están desarrollando a día de hoy necesitan un mecanismo claro y fiable para almacenar, manipular y transmitir la información. Exactamente lo mismo es necesario en el caso del agua, que nadie ha visto aún funcionar en tanto que ordenador cuántico. Ya conocemos hoy lo suficiente de mecánica cuántica como para poder afirmar si el agua líquida podría contar con mecanismos cuánticos de almacenamiento y transmisión de la información. Los físicos han desarrollado modelos matemáticos del comportamiento del agua, en efecto basados en consideraciones de mecánica cuántica[1], que predicen con extraordinaria precisión sus propiedades. En ningún caso estos modelos sugieren la posibilidad de que el agua pueda almacenar información y transmitirla, y mucho menos que esa información pueda actuar a distancia sobre una diana terapéutica molecular y de forma específica, es decir, concretamente sobre una molécula sin afectar a ninguna otra.

No obstante, al igual que algunos malos periodistas abrazan la idea de no dejar que la realidad les arruine un bonito reportaje, algunos científicos se empeñan en no dejar que la realidad les arruine una bonita hipótesis, sobre todo, me atrevo a añadir, cuando hay grandes sumas de dinero implicadas, y cuando, además, la mayoría de la gente va a estar tan confusa sobre tan

---

[1] Vlad P. Sokhan et al. *Signature properties of water: Their molecular electronic origins.* PNAS (2015) vol. 112 no. 20 pp. 6341–6346.

oscuros aspectos de la ciencia que muchos acabarán creyendo lo que les cuenten sin hacer muchas preguntas (mejor ocultar la ignorancia), o creerán lo que personalmente les interese para mantener sus esperanzas de curación, sin ahondar demasiado en aspectos de coherencia intelectual, rigor científico, y ética profesional de los defensores de teorías imposibles. En resumen, y para terminar, el asunto de la memoria del agua es de los que es mejor olvidar en ciencia, aunque algunos se empeñen en mantener vivo su recuerdo.

## Los efectos placebo y nocebo

Si la homeopatía es como la nada, si el agua no puede almacenar ni transmitir información sobre las moléculas que ha disuelto en su seno, incluidos los fármacos, entonces ¿cómo puede la nada ejercer un efecto curativo? Y bien, no hace falta la homeopatía para averiguar que administrar nada puede ser beneficioso para la salud. Para ello ya contamos con el efecto placebo. Vamos a analizar aquí qué es este interesante efecto, cómo funciona y si podría explicar o no los efectos de la homeopatía.

La palabra placebo proviene del latín y significa "complaceré". Al parecer, la expresión religiosa latina *Placebo Dominum* (complaceré al Señor), que aparece en una traducción de la Biblia realizada en el siglo V, es el origen de esta palabra. Históricamente, la palabra placebo, que no el concepto, comenzó a emplearse en Medicina a finales del siglo

XVIII como un tratamiento cuya finalidad era más la de complacer que la de curar al paciente[1].

El concepto de placebo es, sin embargo, bien anterior al siglo XVIII. En palabras del cirujano-barbero, Ambroise Paré (1510-1590), considerado el padre de la cirugía moderna, la función del médico es la de "curar ocasionalmente, aliviar frecuentemente y consolar siempre"[2]. En aquellos años en los que la Medicina rara vez curaba, el consuelo era, probablemente, lo único realmente eficaz que podía ofrecer el médico. Este consuelo podía provenir en forma de preparados o píldoras que el médico sabía no iban a ejercer ningún efecto terapéutico, pero que servían para subir la moral, dar esperanzas de curación y agradar a los pacientes. En este sentido, el placebo bien podría considerarse uno de los primeros tratamientos paliativos. De hecho, tal vez el principal método de tratamiento médico hasta entrado el siglo XX, cuando se desarrolla verdaderamente la Medicina científica, fueran los placebos, considerados como "mentiras necesarias". A principios del siglo XX, la necesidad de esta mentira se puso seriamente en cuestión. En palabras pronunciadas en 1903 por el médico Richard Cabot [3], inicialmente convencido defensor y administrador de placebos, "aún no he visto una situación en la que una mentira haga más bien que mal".

---

*1 Gensini GF1, Conti AA, Conti A. Past and present of "what will please the lord": an updated history of the concept of placebo. Minerva Med (2005), 96(2):121-4.*

*2 Jean-Pierre Poirier. Ambroise Paré. Pygmalion, Ed.ISBN. 978-2756400075.*

*3 Cabot RC. The use of truth and falsehood in medicine: an experimental study. Am Med 1903; 5:344-349.*

El efecto placebo, es conocido desde hace algo más de doscientos años. Este efecto fue descubierto en 1799, cuando el médico inglés John Haygarth (1740-1827), considerado uno de los mejores médicos de su época, decidió investigar la eficacia terapéutica de un artefacto llamado extractor de Perkins, llamado así en honor al señor Elisha Perkins, quien lo inventó y creó con él su propio método terapéutico, hoy felizmente abandonado gracias, en parte, al trabajo de Haygarth[1].

El extractor de Perkins era una especie de varilla metálica, fina y puntiaguda por uno de sus extremos y más ancha por el otro, que medía unos ocho centímetros de longitud. Aunque al parecer los extractores estaban hechos de acero o bronce, Perkins mantenía que estaban fabricados con aleaciones secretas de varios metales. Pero si el material de los extractores no era novedoso, sí lo era el procedimiento que realizaba con ellos para curar la inflamación y el reuma en cara y cabeza. Los extractores curaban por el procedimiento de perforar con ellos y traspasar la parte dolorida del enfermo, es de suponer que a nivel de la piel y no más profundamente, lo que hubiera dejado lisiado o incluso matado a más de un paciente. El tratamiento y traspaso duraba unos veinte minutos, un tiempo de perforación considerado necesario por Perkins para drenar el pernicioso "fluido eléctrico" que, según él, era la causa del dolor y de la enfermedad. Este "fluido eléctrico" era drenado, al parecer,

---

1 Booth, C. (2005). "The rod of Aesculapios: John Haygarth (1740-1827) and Perkins' metallic tractors". Journal of medical biography 13 (3): 155–161. doi:10.1258/j.jmb.2005.04-01. PMID 16059528.

gracias a las milagrosas propiedades de la aleación metálica con la que, supuestamente, estaban fabricados los extractores.

Estos artilugios llegaron a ser muy populares y a venderse acompañados de instrucciones de cómo utilizarlos con familiares y amigos. Por ello, podrían ser considerados como un gran ejemplo histórico de automedicación masoquista. Tal vez esta popularidad, unida al elevado precio que muchos estaban dispuestos a pagar por ellos (el propio presidente de los EE.UU. George Washington llegó a poseer unos de estos extravagantes extractores, lo que sin duda contribuyó a aumentar su uso), llevó a John Haygarth a realizar un experimento para probar su pretendida eficacia. Haygarth trató a cinco pacientes con extractores de madera, pintados de forma que simulaban a los verdaderos, metálicos. Evidentemente, la madera, al no ser conductora de la electricidad, no podría drenar el malévolo fluido eléctrico supuesto causante de la inflamación y el dolor. Sin embargo, cuatro de estos pacientes afirmaron que su dolor había desaparecido. Al día siguiente, los pacientes fueron de nuevo tratados, esta vez con extractores metálicos, con el mismo resultado. No había diferencia, por tanto, entre extractores metálicos o no, y la supuesta aleación milagrosa no era tal. En palabras del propio Haygarth, estos resultados mostraban "en un grado no sospechado hasta ahora, qué poderosa influencia ejerce la mera imaginación sobre la enfermedad". Haygarth publicó sus resultados en un informe titulado: *Sobre la imaginación como causa y como cura de los desórdenes corporales, ejemplificado por extractores ficticios y convulsiones epidémicas*[1]. Por ser el primero en hablar de la imaginación como un factor curativo es por lo que se atribuye a Haygarth el descubrimiento del efecto placebo. Además, Haygarth hizo algunas otras interesantes aseveraciones al respecto del papel de la imaginación y de las expectativas en la curación. Afirmó, por ejemplo, que la razón por la que médicos más famosos tenían más éxito que los desconocidos se debía en parte a su propia fama. Incluso llegó a afirmar que la mayoría de la Medicina de la época no se apoyaba sino en el efecto placebo. Yo me pregunto si esta afirmación no continuará siendo verdad aún hoy, a pesar del impresionante progreso de la Medicina.

Con el avance de la investigación biomédica, pronto quedó patente que las expectativas y la imaginación de los pacientes, ciertamente, desempeñaban un efecto importante a la hora de determinar la eficacia real de un tratamiento. Por esta razón, para evaluar la validez de nuevos tratamientos médicos, se hizo necesario realizar estudios en los que se comparaba no a los pacientes tratados con los no tratados, sino con los tratados con un placebo. En estos estudios, tanto el tratamiento como el placebo debe administrarse de manera que los pacientes no puedan saber cuál de los dos reciben. De esta manera, se anulan sus expectativas sobre el tratamiento que, supuestamente o realmente, reciben. Igualmente, para evitar el sesgo del investigador, del que ya hemos hablado, se hizo necesario

---

[1] Haygarth, J., *Of the Imagination, as a Cause and as a Cure of Disorders of the Body; Exemplified by Fictitious Tractors, and Epidemical Convulsions*, Crutwell, (Bath), 1800.

ocultar a los propios médicos cuáles de sus pacientes recibían tratamiento y cuáles placebo. Los pacientes, además, idealmente deben ser asignados de manera aleatoria al grupo que recibe placebo y al que recibe tratamiento, con el propósito de evitar que consciente o inconscientemente, los investigadores incluyan a los pacientes en grupos que podrían mostrar una diferente respuesta al tratamiento bajo estudio (por ejemplo, asignar los menos enfermos al grupo que recibe tratamiento, y los más enfermos al grupo que recibe placebo). Estos estudios, en los que ni médicos ni pacientes pueden "ver" si han administrado o recibido tratamiento o placebo hasta el final del estudio y el análisis de los resultados, se denominan "ensayos doble ciego", y constituyen un estándar de calidad insustituible[1].

## PLACEBO EN EL SIGLO XXI

Hoy en día, el efecto placebo ha quedado firmemente establecido por la ciencia y son muchas las investigaciones que han intentado profundizar en su mecanismo de funcionamiento, el cual, por supuesto, depende de nuestro cerebro. Son varias las importantes lecciones extraídas de estos estudios, que vamos a intentar resumir aquí. En mi opinión, lo aprendido resulta fascinante, sobre todo por lo que revela sobre la mente humana... o lo que queda de ella tras conocerla mejor gracias a estas investigaciones.

---

1 The Powerful Placebo: From Ancient Priest to Modern Physician. Arthur K. Shapiro, Elaine Shapiro. The John Hopkins University Press (1997).ISBN 0-8818-6675-8.

En primer lugar, considero que la realidad del efecto placebo quedó firmemente establecida en estudios en los que se comprobó que las regiones cerebrales que se activaban al administrar placebo eran prácticamente las mismas que se activaban cuando se administraba un fármaco. Por ejemplo, la administración de un placebo o del fármaco antidepresivo fluoxetina resultaba en una similar alteración de la actividad cerebral, determinada mediante tomografía de emisión de positrones[1].

Estos estudios me llevan a advertir inmediatamente que no es correcto concluir de este tipo de resultados que el placebo resulta tan eficaz como el fármaco para luchar contra la depresión, o contra otras enfermedades o condiciones que resulten en similares activaciones de zonas cerebrales concretas. Al contrario, lo que es correcto concluir de este tipo de resultados es que suscitan serias dudas sobre la eficacia del fármaco y sobre que este posea un efecto específico, por más que los resultados de otros ensayos clínicos puedan haber proporcionado supuesta evidencia en apoyo de su actividad. Y es que existen innumerables razones por las que un estudio científico puede proporcionar resultados falsos, como, por ejemplo, un mal diseño de los experimentos, un número insuficiente de sujetos analizados para poder determinar diferencias reales entre placebo y fármaco o fármacos de manera fiable, variables ocultas que

---

[1] Mayberg, H.S., Silva, J.A., Brannan, S.K., Tekell, J.L., Mahurin, R.K., McGinnis, S., et al., 2002. *The functional neuroanatomy of the placebo effect.* Am. J. Psychiatry 159, 728–737.

afectan lo que pretendemos estudiar, sesgos en la población estudiada que producen diferencias inexistentes en la realidad, etc., etc., etc. Si alguien dijo alguna vez que la investigación científica y médica produce siempre resultados claros e indiscutibles, probablemente estaba incorrectamente medicado cuando lo pensó. No, no es fácil averiguar qué sucede en realidad, porque esta, la realidad, se empeña casi siempre en engañarnos, y para ello cuenta con innumerables aliados, entre los que ocupamos un lugar prominente nosotros mismos, los humanos.

Otros descubrimientos que confirmaron la existencia del efecto placebo fueron, por ejemplo, que la administración de este producía cambios fisiológicos objetivamente medibles. Estos incluyen cambios en la presión sanguínea, frecuencia cardiaca o en la actividad de neurotransmisores cerebrales en casos que involucran depresión, dolor, fatiga o ansiedad, o incluso algunos síntomas de la enfermedad de Parkinson[1].

Un aspecto muy interesante del efecto placebo es que este se une siempre al efecto terapéutico del tratamiento, potenciándolo. Así, si se administra un analgésico o un ansiolítico sin el conocimiento de los pacientes, la eficacia de estos

---

1 http://harvardmagazine.com/2013/01/the-placebo-phenomenon.

fármacos es menor que si se administran con su conocimiento. Al menos así parecen indicarlo algunos estudios[1].

## EL EFECTO NOCEBO

Las expectativas de curación, cuando son negativas, también ejercen sus efectos, en este caso perniciosos, en forma del efecto nocebo. La palabra "nocebo" también deriva del latín y significa "disgustaré", "te haré daño". En este caso, los pacientes que creen que el tratamiento que les está siendo administrado no va a resultar eficaz, experimentan una disminución de la eficacia de dicho tratamiento. Por ejemplo, si administramos aspirina a unos pacientes, engañándoles y diciéndoles que se trata de un nuevo analgésico experimental que probablemente no va a resultar eficaz, la eficacia de la aspirina que realmente hemos administrado a esos pacientes para mitigar el dolor se ve disminuida[2]. Así pues, solo el temor o la desconfianza sobre si un verdadero medicamento puede resultarnos útil ya puede afectar a su eficacia. Tanto el efecto placebo como el efecto nocebo son unos buenos ejemplos de profecías hechas realidad gracias a nuestras simples expectativas. El paradigma de este tipo de profecías bien puede ser la profecía que yo llamo "no lo conseguiré".

---

1 Colloca L, Lopiano L, Lanotte M, Benedetti F; Lopiano; Lanotte; Benedetti (2004). "Overt versus covert treatment for pain, anxiety, and Parkinson's disease". Lancet Neurol. 3 (11): 679–84. doi:10.1016/S1474-4422(04)00908-1. PMID15488461.

2 Bingel U, Tracey I, Wiech K. Neuroimaging as a tool to investigate how cognitive factors influence analgesic drug outcomes. Neurosci Lett. 2012 Jun 29;520(2):149-55. doi: 10.1016/j.neulet.2012.04.043. Epub 2012 Apr 23.

El efecto nocebo no cuenta con tan numerosas evidencias científicas como el efecto placebo. Obviamente, mientras se administran placebos a los pacientes cuando se realizan ensayos clínicos de nuevos fármacos, no se les administran nocebos. No obstante, algunos trabajos han estudiado este efecto de manera directa. En particular, el efecto nocebo se ha estudiado en el ámbito de la supuesta hipersensibilidad electromagnética. A esta pretendida hipersensibilidad se le acusa de causar diversos síntomas, como dolores de cabeza, mareos, problemas de memoria, tinnitus (pitidos en los oídos), arritmias... La hipersensibilidad electromagnética es lo que dicen sufrir algunos individuos cuando creen estar expuestos a ondas electromagnéticas como las de los teléfonos móviles, o los cables de alta tensión. Y digo "creen estar expuestos" porque las investigaciones sobre este asunto han demostrado que los pacientes de esta condición son incapaces de detectar la presencia de radiaciones electromagnéticas en estudios doble ciego controlados [1]. Por ejemplo, en uno de ellos, sorprendentemente, dos tercios de un total de treinta y cuatro estudiantes universitarios desarrollaron dolor de cabeza cuando se les dijo que una corriente eléctrica que se iba a hacer pasar por el techo de la estancia en la que se encontraban podría inducirles dicho dolor. Lo que realmente les causó el dolor de cabeza fue que creyeron que lo que se les dijo era cierto, porque

---

[1] James Rubin, Rosa Nieto-Hernandez, Simon Wessely (2010). "Idiopathic Environmental Intolerance Attributed to Electromagnetic Fields". Bioelectromagnetics 31 (1): 1–11. doi:10.1002/bem.20536. PMID 19681059.

la corriente eléctrica nunca se aplicó (y aunque se hubiera aplicado, muy probablemente, no hubiera causado dolor real alguno).

El efecto nocebo se ha podido observar también en los estudios clínicos doble ciego controlados por placebo. Evidentemente, algunos de los pacientes que participan en estos estudios deben de albergar dudas y temores sobre si el fármaco experimental les hace más mal que bien. Aunque no saben si han recibido medicamento o placebo, su desconfianza les juega una mala pasada y comienzan a sentir efectos adversos incluso cuando solo han recibido placebo. Así, los estudios han revelado que alrededor del 5% de los pacientes que entran por sorteo a formar parte del grupo de los que se administra placebo (sin que ellos ni los médicos lo sepan hasta el final de los estudios), abandonan voluntariamente los ensayos clínicos debido a supuestos efectos adversos, los cuales solo pueden ser generados por su imaginación, ya que a ellos no se les ha administrado medicamento alguno[1,2]. Lo más sorprendente en estos casos, además, es que los efectos adversos descritos por los pacientes son, en gran medida, los esperados para el medicamento real, lo que indica que el conocimiento de la acción esperada del medicamento (diferente de saber si me lo han administrado en

---

1 Mitsikostas DD1, Mantonakis LI, Chalarakis NG. Nocebo is the enemy, not placebo. A meta-analysis of reported side effects after placebo treatment in headaches. Cephalalgia. 2011 Apr;31(5):550-61. doi: 10.1177/0333102410391485. Epub 2011 Jan 7.

2 Mitsikostas DD. Nocebo in headaches: implications for clinical practice and trial design. Curr Neurol Neurosci Rep. 2012 Apr;12(2):132-7. doi: 10.1007/s11910-011-0245-4.

realidad o no), actúa sobre nuestra imaginación para generarnos síntomas concretos coherentes con nuestras expectativas.

## EL PODER DE LAS EXPECTATIVAS

La información que creemos poseer sobre un tratamiento o fármaco, verdadera o falsa, ejerce pues un efecto poderoso. Por ejemplo, si presentamos a los pacientes un placebo diciéndoles que es un estimulante, en efecto, estimulará y afectará al ritmo cardiaco o la presión sanguínea como un verdadero estimulante. Por el contrario, un placebo del que se nos informa es un calmante, nos calmará, siempre que confiemos en que lo que se nos dice es cierto, por supuesto.

Además de la información explícita que el facultativo pueda comunicar a los participantes de un ensayo clínico, estos reciben también información implícita, que se encuentra tanto en el tamaño, color o forma de las píldoras o tratamientos, como en los valores que han recibido de su propia educación y cultura. Así, varios estudios han demostrado que, en tanto que placebo, las píldoras rojas funcionan mejor que las azules como estimulantes, pero las azules funcionan mejor como calmantes[1]. Esto solo se puede entender si introducimos en la ecuación el valor emocional atribuido a los colores, que hemos recibido en nuestra educación o de nuestro entorno, en general de forma inconsciente. Igualmente, las cápsulas parecen ejercer efectos

---

[1] Barry Blackwell, SaulS. Bloomfield, C.Ralph Buncher. *Demonstration to medical students of placebo responses and non-drug factors.* The Lancet, Volume 299, No. 7763, p1279–1282, 10 June 1972.

placebo más intensos que las píldoras. El tamaño de cápsulas y píldoras es también importante, ya que las píldoras grandes ejercen mayores efectos placebo que las pequeñas. De nuevo, el valor emocional atribuido a la forma y tamaño de cápsulas y píldoras, que solo proviene de lo aprendido en nuestras respectivas culturas y de los condicionamientos aprendidos en nuestra vida, ejerce una influencia importante sobre el efecto placebo.

Quizá la evidencia más importante a favor de la influencia de nuestra cultura sobre la capacidad de experimentar un efecto placebo más o menos intenso en el tratamiento de determinadas enfermedades la haya proporcionado estudios en los que se ha puesto de manifiesto que el efecto placebo depende, en ocasiones, del país donde se realizan los estudios clínicos. Así, el efecto placebo relacionado con el tratamiento de úlceras de estómago y duodeno es muy bajo en Brasil, más intenso en países del norte de Europa, como Dinamarca y Holanda, y muy elevado en Alemania. Sin embargo, el tratamiento placebo para la hipertensión es menor en Alemania que en otros países[1,2]. La cultura, la educación, nuestras creencias sobre el mundo, nuestros valores culturales, y nuestras opiniones sobre la eficacia

---

1 Moerman DE, Jonas WB; Jonas (2002). "Deconstructing the placebo effect and finding the meaning response". Ann Intern Med. 136 (6): 471–6. doi:10.7326/0003-4819-136-6-200203190-00011. PMID 11900500.

2 Moerman DE (2000). "Cultural variations in the placebo effect: ulcers, anxiety, and blood pressure". Med Anthropol Q 14 (51–72): 51–72. doi:10.1525/maq.2000.14.1.51. PMID 10812563

de la Medicina, parecen ejercer un efecto sobre nuestra salud o, al menos, sobre la percepción subjetiva de la misma.

### ¿MEJORA OBJETIVA DE LA SALUD?

Una vez el efecto placebo ha sido claramente establecido como un fenómeno real, se ha comenzado a estudiar si posee o no utilidad clínica, es decir, si sería posible tratar algunas dolencias sin administrar fármacos, solo con placebo. Evidentemente, esto supone admitir que dichas dolencias se curan solas. El placebo se administraría como una forma de acelerar los procesos de auto curación del organismo, nada más.

Muy bien, pero ¿cómo estudiamos si el placebo ejerce un efecto curativo superior a la ausencia de tratamiento? ¿Son igual de eficaces todos los placebos para tratar las dolencias o enfermedades? Para estudiar estas cuestiones no nos queda otro remedio que llevar a cabo ensayos clínicos en doble ciego aleatorizados administrando placebo y controlados por placebo. Parece un ejercicio de futilidad. Sin embargo, un interesante ensayo clínico de placebo frente a placebo, realizado por investigadores de la Universidad de Harvard, reveló que no todos los placebos son iguales, y que estos funcionan de acuerdo a las expectativas que los propios médicos pueden implantar en la mente de sus pacientes.

En este estudio, participaron 270 pacientes a los que se les intentó aliviar dolores en las articulaciones de la muñeca o el codo[1]. La mitad de ellos fueron tratados con píldoras analgésicas; la otra mitad, con acupuntura. Un tercio de los pacientes se quejó de serios efectos secundarios de los tratamientos, los cuales, curiosamente, fueron idénticos a los que el médico les advirtió que podrían sufrir. El resto de los pacientes dijo mejorar sustancialmente de sus dolores, en particular, los tratados con acupuntura.

Lo sorprendente de este estudio es que ningún paciente fue realmente tratado ni con fármaco ni con acupuntura. Las píldoras analgésicas solo contenían almidón, y las agujas de acupuntura no eran tales, sino artilugios similares con puntas retráctiles que no penetraban la piel. No obstante, aquellos que esperaban mejorar con el "tratamiento", lo hicieron, pero aquellos que fueron advertidos de potenciales efectos secundarios, los sufrieron y no experimentaron mejoría.

Los investigadores implicados en este estudio se apresuran a aclarar que este tipo de tratamientos placebo será ineficaz para vencer las infecciones o para curar tumores. No obstante, el estudio revela que, en algunos casos, los pacientes informan de una mejoría, y que la mejoría experimentada depende de las expectativas de los pacientes sobre el tratamiento, las cuales, a su vez, dependen del método de administración del mismo. Recordemos que el placebo en forma de acupuntura resultó más eficaz que el placebo en forma de píldoras analgésicas.

---

1 Ted J Kaptchuk et al. (2006). *Sham device vs inert pill: randomised controlled trial of two placebo treatments. British Medical Journal,* doi:10.1136/bmj.38726.603310.55.

En otro estudio, se administró placebo a los pacientes junto con diversos grados de interacción con el médico. En unos casos, el médico apenas hablaba con los pacientes, mientras que en otros se mostraba muy simpático y cercano, e incluso establecía contacto físico con ellos. Como era de esperar, los pacientes que manifestaron una mejoría más importante fueron aquellos a los que el médico prestó más atención y con los que mostró un rostro más humano[1].

Sin embargo, un aspecto crucial de este tipo de estudios es que se apoyan en lo que los pacientes dicen experimentar. Algunos experimentan mejoría; otros, un empeoramiento de su condición, y esto es lo que le cuentan al médico. Este, sin más, anota los resultados y extrae conclusiones, pero estas conclusiones se basan en la información subjetiva comunicada por cada paciente. ¿Es esta información fiable, o es, en cambio, también resultado de sus expectativas? En otras palabras: ¿es la mejora que los pacientes dicen experimentar real? ¿Son los efectos secundarios también reales?

Una forma de averiguar esto es realizar un estudio en el que los pacientes bien no son tratados en forma alguna, bien son informados de que se les administra placebo, aunque se les dice también que el placebo a veces ejerce efectos beneficiosos. Es de esperar que al informar a los pacientes de que se les administra placebo, estos no van a experimentar mejoría alguna

---

1 Ted J Kaptchuk, et al. (2008). *Components of placebo effect: randomised controlled trial in patients with irritable bowel síndrome.* British Medical Journal 2008;336;999-1003. doi:10.1136/bmj.39524.439618.25

con él. Sin embargo, los resultados de este estudio, llevado a cabo con pacientes de síndrome de colon irritable (enfermedad que posee un importante componente emocional y es susceptible del efecto placebo), revelaron el sorprendente hecho de que los pacientes a quienes se había administrado placebo con su conocimiento experimentaban una mejoría significativa en comparación con los no tratados[1]. Al parecer, la simple administración de placebo con conocimiento de los pacientes también puede ejercer efectos beneficiosos. Esto es un fenómeno difícil de explicar, ya que el efecto placebo parecía depender de no decir a los pacientes la verdad y manipular sus expectativas haciéndoles creer que se les administraba un fármaco eficaz. Al parecer, engañar a los pacientes no es siempre necesario para que el efecto placebo se manifieste.

Sin embargo, de nuevo, estos estudios adolecen del fallo de no determinar de manera objetiva la mejora que los pacientes dicen experimentar. Para paliar esta deficiencia, un estudio exhaustivo comparó varios tratamientos contra el asma con el placebo. Esta enfermedad es interesante para estudiar si el placebo ejerce un efecto real, ya que se puede determinar de manera objetiva el efecto de los tratamientos midiendo los cambios de volumen de aire pulmonar expirado que resultan de cada tratamiento. Solo si este volumen aumenta podremos decir objetivamente que el tratamiento resulta eficaz. En este caso,

---

[1] Ted J. Kaptchuk Placebos without Deception: A Randomized Controlled Trial in Irritable Bowel Syndrome. http://journals.plos.org/plosone/article?id=10.1371/journal.pone.0015591.

aunque los pacientes tratados con placebos manifestaron experimentar una mejoría, esta no se reflejó objetivamente en un incremento de la capacidad pulmonar [1]. Solo los pacientes tratados con fármacos eficaces contra el asma mostraron esta mejora de manera objetiva. Así pues, este estudio indica que en el caso de pacientes tratados con placebo, la mejoría que estos dicen experimentar puede ser no tanto real, como imaginada.

## GENÉTICA DEL PLACEBO

A pesar de que el efecto placebo ha quedado firmemente establecido, algunos estudios han revelado que un porcentaje no pequeño de la población no puede experimentarlo. Uno de estos estudios indica que la personalidad de cada cual podría ser un factor implicado en la intensidad del efecto que se experimenta. En dicho estudio, los individuos clasificados como altruistas, fuertes y sinceros, y que también puntuaban en los niveles más bajos de una escala que medía la hostilidad, experimentaron efectos placebo de mayor magnitud [2]. Estos sujetos poseían igualmente niveles más bajos de cortisol en el plasma (el cortisol es una hormona relacionada con el estrés) y una activación más elevada de los receptores opiáceos internos en regiones cerebrales relacionadas con la percepción de placer y la recompensa. Como ya hemos mencionado arriba, numerosos

---

*1 Michael E. Wechsler et al. (2011). Active Albuterol or Placebo, Sham Acupuncture, or No Intervention in Asthma. New Engl J Med 365;2, pp. 119.*

*2 M. Pecina et al. (2012). Personality Trait Predictors of Placebo Analgesia and Neurobiological Correlates. Neuropsychopharmacology, doi: 10.1038/NPP.2012.227, 2012*

estudios han demostrado que el efecto placebo activa determinadas regiones del cerebro en quienes lo experimentan, las cuales dependen en parte de la indicación del tratamiento, es decir, si es analgésico, antiinflamatorio, etc.

La personalidad de cada uno, sin duda, afecta a la manera en que interpretamos la realidad y nos adaptamos a ella. En este sentido, el efecto placebo deja pocas dudas sobre el hecho de que las percepciones de nuestra mente afectan a lo que creemos que puede resultar beneficioso para la salud, pero: ¿qué es nuestra mente? Nos adentramos aquí en un terreno espinoso. Sin embargo, para la ciencia, aunque no conoce aún todos los detalles, la mente no es sino el resultado de la interacción de los miles de millones de neuronas que forman nuestro cerebro, células e interacciones que dependen del correcto funcionamiento de muchos genes.

Que los genes influyen en nuestras percepciones es un hecho indudable. Por ejemplo, determinadas personas son incapaces de percibir ciertos colores de manera correcta, debido a que poseen mutaciones que incapacitan los genes que producen determinados fotopigmentos. Esta condición, comúnmente denominada daltonismo, puede resultar molesta en la vida cotidiana, pero no genera ningún problema de salud. Estos individuos, sin embargo, perciben la realidad de manera diferente y posiblemente las emociones que los diferentes colores suscitan puedan ser también diferentes en ellos.

¿Podrían los genes estar implicados en que algunos puedan experimentar un intenso efecto placebo, pero otros no puedan experimentar ninguno? Para abordar esta cuestión, los investigadores supusieron que posiblemente los genes que participan en la generación o el metabolismo de los neurotransmisores involucrados en el funcionamiento de los circuitos del placer y la recompensa podrían tal vez contribuir en alguna medida a la magnitud de este efecto. Al fin y al cabo, el efecto placebo supone una recompensa: una mejoría del estado de salud. Uno de los genes más importantes a este respecto es el gen denominado Catecol-O-Metil Transferasa, más conocido por sus iniciales COMT. Este gen produce un enzima (una proteína) que destruye, para su normal reciclaje, el neurotransmisor dopamina, implicado en la comunicación de los circuitos neuronales del placer, el dolor, la memoria y el aprendizaje.

Para averiguar si este gen podría afectar a la intensidad del efecto placebo, los investigadores de la Universidad de Harvard volvieron a estudiar al grupo de pacientes con síndrome de intestino irritable, con los que estaban bien familiarizados. En este caso, los pacientes fueron clasificados en tres subgrupos. El primero no recibió tratamiento alguno (es decir, a estos pacientes se les colocó en lista de espera); el segundo recibió tratamiento placebo con escasa interacción personal con el médico; el tercero recibió un tratamiento placebo potenciado mediante una intensa y cercana interacción personal con el médico. En ningún caso los pacientes sabían que solo se les estaba administrando placebo.

Existen dos variantes del gen COMT, denominadas Met y Val. El nombre de estas variantes proviene del aminoácido que se encuentre en la posición 158 de la proteína generada a partir de la información que contiene el gen. Si este aminoácido es la metionina, tenemos la variante Met; si es la valina, tenemos la variante Val. Aunque parezca increíble, el solo cambio de un aminoácido por otro, debido al cambio de las propiedades químicas que conlleva, modifica sustancialmente las características del enzima COMT. La variante Met conduce a la generación de un enzima más inestable que la variante Val, lo que resulta en una mayor presencia de dopamina ya que, puesto que al ser más inestable el enzima se degrada con mayor rapidez, la dopamina es destruida en menor proporción. Así, la variante Met conduce a una mayor cantidad de dopamina en las conexiones neuronales y la variante Val, a menor cantidad de este neurotransmisor. Pues bien, los investigadores encuentran que solo los individuos que han heredado al menos una variante Met del gen COMT (de las dos posibles que podemos heredar, una del padre y otra de la madre) y que, por tanto, poseen una mayor concentración de dopamina en sus cerebros, son capaces de experimentar el efecto placebo. Aquellos que han heredado dos variantes Val, por el contrario, no pueden experimentarlo[1].

---

1 Hall KT et al. *Catechol-O-methyltransferase val158met polymorphism predicts placebo effect in irritable bowel syndrome.* PLoS One. 2012; 7(10): e48135. doi: 10.1371/journal.pone.0048135. Epub 2012 Oct 23.

Aunque no se conoce si estos hallazgos se reproducirán en el caso de otras enfermedades susceptibles de ser afectadas por el efecto placebo, estos descubrimientos indican que dicho efecto está sujeto al control de mecanismos moleculares dependientes de los genes que afectan a la comunicación entre las neuronas. Esto reduce la incógnita sobre la naturaleza del efecto placebo, relacionándolo más con lo que hoy se conoce sobre el funcionamiento del cerebro, y reduciendo su naturaleza misteriosa, que ya no lo es tanto.

## *EVOLUCIÓN NATURAL DEL EFECTO PLACEBO*

El biólogo Theodosius Grygorovych Dobzhansky (1900-1975) tituló una de sus publicaciones como "nada en biología tiene sentido excepto bajo la luz de la evolución". Esta frase, a la que me adhiero sin ambages, es extensible también al ámbito de la Biomedicina. Por esta razón, el efecto placebo, como efecto biológico que es, debe poseer también una razón y una explicación evolutiva. Si un fenómeno tan complejo existe, ha debido suponer una ventaja reproductiva para los individuos que lo pueden experimentar. El hecho de que existan variantes génicas que capaciten o no para experimentarlo indica también que este proceso está sometido a presiones selectivas sobre dichos genes, las cuales, sin embargo, no son tan elevadas como para forzar que todos los individuos de nuestra, y también de otras especies, como veremos, lo deban experimentar, aunque sí la mayoría.

Desgraciadamente, las investigaciones sobre las razones evolutivas del efecto placebo no han sido muchas, aunque sí se han propuesto algunas interesantes hipótesis, aún no completamente demostradas, las cuales se basan en establecer una relación entre el funcionamiento del sistema inmune y el funcionamiento del sistema nervioso, relación que la investigación ha revelado es real. Por supuesto, el sistema inmune resulta fundamental para mantenernos en buena salud. Este sistema el encargado de luchar contra las infecciones que constantemente nos amenazan desde el exterior, y que eran mucho más amenazadoras en épocas, no tan lejanas, en las que la limpieza y las condiciones asépticas no eran tan comunes como ahora, y cuando las vacunas, los antibióticos y los fármacos antivirales aún no existían, hace de esto solo menos de un siglo, lo que desde el punto de vista evolutivo es un tiempo insignificante en el caso de nuestra especie.

Una de las hipótesis más plausibles e interesantes sobre el efecto placebo ha sido propuesta por el psicólogo Nicholas Humphrey[1], la cual ha sido estudiada mediante modelos por ordenador que simulan los costes y beneficios de montar una respuesta inmune completa en respuesta a una infección menor. La hipótesis propone que, en las duras condiciones en las que viven hoy los animales en la Naturaleza, y también vivíamos los humanos hasta no hace mucho, el sistema inmune debía activarse y luchar contra las infecciones, pero siempre de una

---

1 http://www.humphrey.org.uk/papers/2002GreatExpectations.pdf

manera lo más económica y eficiente posible. La activación completa del sistema inmune requiere una gran cantidad de energía en forma de nutrientes, y causa además un "daño colateral" al organismo que es necesario reparar. Esto es así porque es preciso generar numerosas nuevas células y producir proteínas especializadas que luchen contra el invasor causante de la infección, o contra el parásito que pretende invadir nuestro organismo, lo que evidentemente requiere energía y nutrientes. Al intentar eliminar al microorganismo o parásito, la acción de estas nuevas células produce daño no solo en los organismos invasores, sino también en nuestros propios tejidos y órganos. Este es el llamado daño colateral.

En condiciones en las que el alimento no es muy abundante, y los demás miembros de la familia o clan no pueden proporcionárnoslo cuando nosotros no podemos obtenerlo por nosotros mismos, al estar enfermos, la mejor estrategia para sobrevivir puede ser la de contener el avance de una infección sin dedicar todos los recursos necesarios a erradicarla por completo, lo que puede resultar demasiado costoso y causar un daño colateral que no podrá ser fácilmente reparado en condiciones de escaso alimento. Solo cuando las condiciones mejoren y el alimento vuelva a ser abundante, tal vez en primavera, o cuando los demás puedan ocuparse de nosotros y darnos alimento con más facilidad, nuestro sistema nervioso daría la orden al sistema inmune de activarse por completo y montar una respuesta enérgica para erradicar la infección para curarnos así de la enfermedad que veníamos sufriendo.

De ser cierta, esta hipótesis atribuiría al efecto placebo una importante función para la mejora de la supervivencia. Este efecto sería, de hecho, el permiso que el sistema nervioso, tras evaluar la situación de apoyo social y nutritiva en la que nos encontramos, daría al sistema inmune para activarse y dedicar los recursos necesarios a la curación completa. De no ser adecuadas las condiciones, sería más ventajoso mantener controlada la enfermedad, pero no dedicar la energía para erradicarla hasta que las condiciones mejoren y podamos obtener los recursos para ello.

Esta hipótesis es razonable, pero no por ello sabemos aún si es o no cierta. No obstante, existen algunas evidencias en su favor. Por ejemplo, los hámsteres siberianos no parecen luchar del todo contra las infecciones si las luces del laboratorio imitan los cortos días del duro invierno de Siberia. Si el patrón de iluminación se modifica para asemejarlo al del verano, los hámsteres siberianos sí montan una respuesta inmune completa. Estas observaciones sugieren que en efecto, la capacidad de auto curación depende de las condiciones externas y de cómo se perciben estas por el sistema nervioso[1].

Si hay algo que ha quedado claro en Biología es que los procesos y estrategias importantes para la supervivencia son compartidos por la gran mayoría de las especies. En otras

---

1 Baillie SR, Prendergast BJ, *Photoperiodic regulation of behavioral responses to bacterial and viral mimetics: a test of the winter immunoenhancement hypothesis.* J Biol Rhythms. 2008 Feb;23(1):81-90. doi: 10.1177/0748730407311518. http://jbr.sagepub.com/content/23/1/81.long

palabras, si los hámsteres, menos evolucionados que nosotros, son capaces de regular la intensidad de la respuesta inmune para curarse en condiciones óptimas, lo más probable es que nosotros también podamos hacerlo. De este modo, comprobar que uno de nuestros congéneres nos proporciona ayuda para la curación y nos asegura que esta va a ser eficaz conlleva una mejora en la evaluación de las circunstancias en las que nuestro organismo se encuentra, la cual puede ayudar a poner en marcha al completo los sistemas de auto curación. En apoyo de esta idea se encuentra el hecho mencionado antes de que los pacientes experimentan mejoría en respuesta a un placebo incluso cuando saben que se les administra un placebo. Tal vez la sola interacción personal con el médico, con alguien que muestra preocupación por nosotros, sea ya suficiente para desencadenar, al menos en parte, los efectos beneficiosos del placebo y estimular la auto curación. De ser esto cierto, serán necesarios sistemas neuronales dedicados a evaluar estas circunstancias y a controlar de manera inconsciente la activación el sistema inmune y de los mecanismos de curación. Los genes de los que hemos hablado anteriormente, necesarios para experimentar el efecto placebo, podrían ser en parte los responsables del funcionamiento correcto de estos sistemas.

En el caso de los animales sociales, como somos los humanos, y también son los primates y los animales de compañía, el efecto placebo podría también estar influido por la información que se recibe de los demás. Por ejemplo, la desparasitación que realizan muchos primates indica que el hecho de que unos se ocupen de los otros es parte del bienestar social y personal, y el sistema nervioso ha adquirido durante la evolución mecanismos para responder positivamente a los cuidados que nos ofrecen otros miembros de nuestro grupo.

A lo largo de la inmensa mayoría del tiempo de nuestra evolución, cuando generación tras generación los progresos eran muy lentos, por no decir inexistentes, y no había medicina ni tratamiento eficaz alguno, aquellos capaces de generar internamente mecanismos fisiológicos que, en respuesta a indicios de aceptación y apoyo social y en respuesta a la creencia en la seguridad de obtener recursos vitales de nuestros congéneres, aceleraran su curación autónoma, tenían más probabilidades de sobrevivir. Estos mecanismos de curación autónoma, en una especie social como la nuestra, se vieron probablemente fortalecidos por la interacción con los demás, por la información que recibíamos de lo que nos necesitaban o nos apreciaban, por la empatía, en suma. Por esta razón, y considerando que nuestras capacidades cognitivas comenzaron a originarse en nuestros ancestros hace decenas de millones de años, los animales sociales probablemente también pueden desencadenar un efecto placebo de acuerdo a la empatía de los demás de su propia especie, o de la nuestra, cuando viven con nosotros, como es el caso de los animales de compañía. Esto podría estimular los procesos de curación. Aquellos individuos con mejores mecanismos, es decir, mejores genes, podrían sanar mas rápido y tener mayores probabilidades de pasar sus genes a las siguientes generaciones.

A pesar de los argumentos anteriores, esta hipótesis no está aún demostrada, aunque en todo caso parece muy razonable considerar que el efecto placebo es un fenómeno biológico que ha podido ser importante para la supervivencia de numerosas especies a lo largo de su evolución, o de otra forma probablemente no existiría. Esto es importante para comprender que el argumento empleado por los defensores de la homeopatía sobre que los preparados homeopáticos son también eficaces en animales y que, por tanto, su supuesta eficacia no puede ser debida al efecto placebo, es probablemente falso. Como hemos visto sucede en el caso del hámster siberiano, los animales, en particular aquellos que tenemos en casa como mascotas o los animales de granja, son capaces con toda seguridad de evaluar sus circunstancias para dedicar o no recursos a la curación completa, una función de la que, sin duda, su supervivencia puede depender de manera crítica. Por ello, lo más probable es que también experimenten el efecto placebo y, gracias a él, sus sistemas de auto curación sean activados por encima de lo que sería normal de ser otra la evaluación que realizan de sus circunstancias (por ejemplo, una persona que no se ocupa de ellos, mala alimentación, abandono, maltrato, etc.).

## De la sugestión en Medicina

Sea como fuere que se haya producido la aparición a lo largo de la evolución del efecto placebo, los conocimientos históricos y antropológicos parecen avalar la idea de que el placebo fue el primer método de tratamiento empleado por las sociedades primitivas. Los brujos de la tribu, encargados de ahuyentar malos espíritus y de tratar los diversos males que podían sufrir los miembros de su grupo tribal, eran probablemente eficaces, –cuando podían serlo, es decir, en el caso de enfermedades leves que podían curarse solas–, gracias al efecto placebo. En un mundo en el que la razón y el pensamiento analítico estaban completamente ausentes, el poder del mito, del ritual, y de la supuesta conexión con mundos más poderosos más allá del nuestro, ejercía una intensa influencia sobre todos los miembros del clan o la tribu, influencia que podía también extenderse a la potenciación del efecto placebo ya estimulado por el cuidado y la atención de familiares y amigos cercanos en el caso de enfermedad o trauma físico.

Así pues, nuestra psicología parece haber evolucionado para permitir ser, en principio, favorecida por la sugestión ejercida por los demás sobre nuestra propia salud. Desgraciadamente, esta capacidad de nuestra psicología es un arma de doble filo, y la sugestión puede ser utilizada en beneficio y también en perjuicio de otros. Nuestras propias creencias, inducidas en nuestras mentes desde la infancia, en general no siempre tras un razonamiento sensato sobre la realidad de las cosas, pueden unirse a las sugestiones recibidas de otros o, al contrario, contrarrestarlas. Nuestro bagaje genético es también diverso. Así, cada uno de nosotros es, en esencia, un individuo completamente único respecto al efecto que determinadas sugestiones pueden ejercer y, en particular, sobre la manera en que podemos experimentar o no el efecto placebo, que depende incluso de nuestra propia genética.

## El ser y la nada

Hasta aquí, hemos visto que los fármacos tradicionales, cuando funcionan, lo hacen debido al gran exceso molecular al que se administran con respecto a la cantidad de moléculas de diana terapéutica con la que interaccionan y a la que afectan. Este exceso molecular es absolutamente necesario para que el fármaco ejerza su acción frente a todas las barreras que se lo impiden, y frente a los mecanismos que lo eliminan. También hemos visto que los preparados homeopáticos, debido a las elevadas diluciones a las que son preparados, no contienen moléculas de principio activo alguno, por lo que no pueden funcionar de la misma manera que los fármacos tradicionales. Hemos visto también que el mecanismo de la memoria del agua, propuesto para explicar cómo una elevada dilución de principio activo podría transmitir la información a la diana terapéutica, entre otros problemas, no es coherente con el conocimiento actual sobre el agua líquida y sobre cómo esta interacciona con las moléculas que se encuentran en su seno. Igualmente, hemos visto que cuando se administra placebo, que tampoco contiene molécula alguna de principio activo curativo, se producen mejoras, en general subjetivas, de dolencias o enfermedades que no suelen ser graves y que poseen un elevado componente emocional, como se demuestra por el hecho de que una interacción cercana con el médico conduce a una mejora subjetiva mayor que cuando esta interacción es más impersonal. Por estas razones, no es descabellado pensar que la eficacia de la homeopatía sea debida solamente al efecto placebo, el cual depende de numerosos factores psicológicos y emocionales, incluido el precio del medicamento (una medida indirecta de la expectativa de su eficacia), la información recibida sobre la probabilidad de que funcione y no nos haga daño (que siempre es muy positiva), y las expectativas y deseos de curación que alberguemos. Estos diferentes factores y la variabilidad interpersonal, conducen a una gran variabilidad del grado en el que cada uno experimenta el efecto placebo y, por consiguiente, al grado de eficacia que cada uno puede otorgar a la homeopatía, que es también muy variable. Esto, unido a la variabilidad individual inevitable en la eficacia de los procesos de auto curación, puede conducir a obtener resultados confusos e incluso contradictorios en los ensayos clínicos sobre la eficacia de la homeopatía, e impedir extraer conclusiones claras de los mismos, lo cual es una situación frecuente. Si tenemos en cuenta además que muchas de las investigaciones sobre homeopatía están financiadas por empresas interesadas en obtener resultados que confirmen su eficacia, el sesgo del investigador es una variable más que se une a la confusión sobre los resultados de investigación en este tema.

Sin embargo, en base a todas estas, y otras consideraciones que no menciono de nuevo para ser breve, la conclusión de que la homeopatía funciona mediante la inducción del efecto placebo no parece ser aceptada por todos. Esto es debido a muchos factores, entre los que se encuentran de nuevo los intereses comerciales de las compañías que fabrican los preparados homeopáticos y de los farmacéuticos que los venden en las oficinas de farmacia, a los que hay que añadir el trato favorable que suele recibir la Medicina alternativa en los medios de comunicación y manipulación, financiados por la publicidad, que en su mayoría es engañosa (sea lo que sea lo que se anuncie, pero en particular numerosos preparados medicinales o vitamínicos no homeopáticos pero que no por ello son eficaces). En mi opinión, la Medicina alternativa resulta, además, muy atractiva porque coloca al ser humano y a su salud en un nivel espiritual; no solo corporal y material. Nos encontramos aquí con los intereses inmateriales que defienden la mayoría de los humanos, con la fe en que somos algo más que un conjunto interconectado de células que generan órganos y sistemas y, finalmente, nuestro cuerpo y nuestro propio yo. Creo no equivocarme demasiado cuando afirmo que muchos de quienes toman homeopatía creen tomar algo más que un simple fármaco. Toman, entre otros, valores contrarios al mercantilismo y la avaricia de las multinacionales farmacéuticas, toman optimismo, toman el consejo y el cariño de los amigos y familiares que les quieren, alimentan su fe en su propio espíritu, el cual les permitirá seguir existiendo cuando su cuerpo muera, y su fe en la naturaleza últimamente espiritual de la realidad. Esto les levanta el ánimo, y les coloca también en un nivel psicológico superior con respecto a los que ingieren un mero fármaco recetado por su médico, o simplemente comprado sin receta en la farmacia, que solo va a actuar sobre su cuerpo, pero nunca sobre su espíritu, como sí hacen los preparados homeopáticos y tantas otras tendencias de la Medicina alternativa sin base científica que la gente considera eficaces. No obstante, aunque estas consideraciones me parecen razonables, no dejan de ser una opinión.

## ¿Por qué los fármacos clásicos a veces no funcionan?

En mi opinión también, una de las razones por la que algunas personas deciden confiar en la homeopatía es porque, en ocasiones, la Medicina clásica no funciona. Al margen de errores de diagnóstico y de tratamiento médico, que siempre pueden producirse, es también relativamente frecuente que incluso con un buen diagnóstico y un correcto tratamiento, el fármaco que nos han recetado no acabe por mejorar nuestra condición. En estos casos, bien intentamos cambiar de médico, de tratamiento, o de ambas cosas a la vez, si es posible. Si nuestra enfermedad está impactando demasiado negativamente a nuestra vida cotidiana, es posible que intentemos probar remedios no probados, como la homeopatía u otras medicinas alternativas. Parece evidente que, de haber funcionado la Medicina clásica, el paciente no habría intentado probar la alternativa, porque no hubiera sido necesario.

Si hasta aquí hemos intentado explicar por qué es muy improbable, por no decir imposible, que los preparados homeopáticos sean eficaces, excepto por su capacidad para estimular el efecto placebo, creo que es también importante proporcionar algunas explicaciones sobre por qué los fármacos clásicos, en ocasiones, no resultan eficaces.

Es necesario tener en cuenta que cuando un fármaco supera las barreras científicas y legales para ser puesto en el mercado, rara vez esto supone que las investigaciones han demostrado que el fármaco funciona en todos los casos. Normalmente, los fármacos o los productos biológicos (anticuerpos, péptidos, etc.) con actividad terapéutica solo la han demostrado en un porcentaje de los pacientes estudiados. Por ejemplo, un nuevo producto analgésico podrá ser puesto a la venta si es capaz de disminuir el dolor, o lo hace con menores efectos secundarios, en un alto porcentaje de pacientes, aunque no lo disminuya en todos. De hecho, en los ensayos clínicos de cualquier producto o procedimiento, siempre hay pacientes para los que este no resulta eficaz.

El porcentaje de estos pacientes con respeto a la población estudiada es variable, dependiendo del fármaco y de la enfermedad bajo estudio, y en ocasiones no es nada despreciable. Por ejemplo, si un nuevo compuesto antitumoral alargara sustancialmente la vida de un 80% de los pacientes de cáncer, esto querría decir que no lo haría en un 20% de los mismos. Por supuesto, esto implica que cuando este produzco sea utilizado en los hospitales, no resultará eficaz en uno de cada cinco pacientes. No obstante, por su eficacia estadística, el producto merece ser comercializado y empleado, ya que beneficiará a cuatro de cada cinco personas con cáncer. Claro que si la persona a la que no beneficia somos nosotros o un familiar cercano, puede parecernos una broma macabra. Sin embargo, esto sucede todos los días a muchas personas, porque no existe un fármaco igual de eficaz en todas y cada una de las personas. Siempre hay un porcentaje de ellas en el que la eficacia de un fármaco particular, aunque afortunadamente no de todos, es muy inferior a la normal. Es importante comprender que, hoy por hoy, esto es un hecho. Es posible que en el futuro la Medicina consiga tratamientos diseñados de manera personal para cada uno de nosotros, los cuales, por esta razón resultarán, salvo error, eficaces, pero estamos todavía relativamente lejos de esta situación.

Mientras llegamos a ella, es tal vez importante comprender al menos algunas de las razones por las que un tratamiento que puedan habernos recetado tal vez no funcione en nuestro caso. Existen numerosas causas por las que esto puede suceder, y no es este el lugar adecuado para listarlas todas exhaustivamente. No obstante, sí podemos mencionar algunas de las más importantes y sencillas de entender.

En primer lugar, podría suceder que la dosis normal no sea suficiente en nuestro caso. Existen varias razones para ello. Una puede ser que metabolicemos el fármaco más rápidamente de lo normal y lo degrademos antes de que pueda ejercer un efecto mesurable. En otros casos, paradójicamente, puede ser que metabolicemos el fármaco más lentamente de lo normal, y no produzcamos así suficiente cantidad del derivado metabólico del mismo que es el que realmente ejerce la acción terapéutica. Esto puede suceder con ciertas clases de fármacos que necesitan ser metabolizados para actuar.

Aún otra razón puede ser que la absorción del fármaco sea menor de lo normal, o su transporte por la sangre sea ineficaz en nuestro caso. Igualmente, podría suceder que expulsáramos el fármaco con mayor rapidez de la media.

Por último, es también posible que la variante génica particular de la diana terapéutica que poseemos, contra la que el fármaco debe actuar, sea de tal naturaleza que el fármaco no pueda afectarla de la misma manera que a la variante mayoritaria en la población. Podría suceder, por ejemplo, que la variante del enzima o receptor blanco de actuación de un fármaco dado, esté producida en nuestro caso por un gen con una mutación. La mutación no impediría el correcto funcionamiento del enzima o receptor, pero sí impediría que el fármaco se uniera a él o ella con elevada afinidad, por lo que el fármaco no podrá actuar debidamente. La investigación ha demostrado que este puede ser el caso con varios tipos de fármacos. Es también posible que al tomar el fármaco se pongan en marcha, de acuerdo al perfil genético de cada paciente, mecanismos compensatorios que resultarían en una inhibición de su acción.

Sea como fuere, es importante tener en cuenta que el hecho de que un fármaco pueda no funcionar en algunos casos no supone un fracaso de la Medicina clásica, como muchos mantienen, sino simplemente una limitación debida a la variación molecular y genética propia de los seres humanos que, menos mal, no somos clones sino seres individualizados. Esto, que sin duda es una gran suerte, es al mismo tiempo una desventaja para algunos, en caso de enfermedad. No obstante, uno de los objetivos de la Medicina personalizada de la que hablaba arriba pretende averiguar las variantes génicas de cada paciente para poder así determinar el tipo de fármaco y la dosis que puede resultar más eficaz en cada caso personal. Avances para conseguirlo se producen todos los días.

## Dificultades de investigación y algunas propuestas

Otra razón que creo importante para explicar por qué la homeopatía sigue contando con numerosos adeptos, es la controversia científica, la cual continúa, a pesar de que la homeopatía viola los conceptos científicos que he explicado hasta aquí, y que cualquier científico con una formación elemental en investigación, como deberían ser todos los médicos y todos los farmacéuticos, debería conocer. La razón de esta controversia radica, en parte, en el hecho de que a pesar de la aplastante lógica que indica que algo que no posee molécula activa alguna no puede ejercer un efecto terapéutico supuestamente causado por la sustancia que con tanto empeño hemos eliminado mediante diluciones exhaustivas, los estudios clínicos con preparados homeopáticos parecen ofrecer resultados contradictorios. Mientras en algunos casos la homeopatía no parece ejercer un efecto superior al placebo, en otros sí parece ejercerlo, o al menos no se puede concluir que no lo ejerza.

Por esta razón, algunos piden más investigación para dar a la homeopatía una base científica. Sin embargo, la investigación, para avanzar, debe apoyarse en conocimiento establecido, y conformado en otras disciplinas de la ciencia, no solo en la Medicina, entendida esta como el estudio de estrategias o procedimientos terapéuticos. Estos procedimientos deben tener base científica en la Física; la Química, la Biología, etc. En caso contrario, esta investigación difícilmente podrá obtener resultados científicos. Esto no quiere decir que solo deba hacerse investigación que esté de acuerdo con lo conocido, pero sí quiere decir que la investigación, si proporciona resultados contradictorios con los encontrados en otras disciplinas, debe realizarse también en esas disciplinas y no solo en Medicina. La razón es que la ciencia no es discontinua, sino continua, y todas las disciplinas científicas están conectadas en un único cuerpo de conocimiento sobre la realidad. En otras palabras, si los ensayos clínicos con pacientes demostraran que la homeopatía funciona claramente por encima del placebo, sería necesario investigar en Física y Química y Biología Molecular y Celular para encontrar una explicación, bien dentro del conocimiento establecido, bien extendiendo ese conocimiento a otros ámbitos, algo así como lo que Einstein consiguió hacer con su teoría de la relatividad general. A Einstein no le hubiera servido de nada seguir investigando sobre si la velocidad de la luz era realmente igual en todas direcciones, sea cual sea la velocidad a la que nos movemos. Una vez establecido este hecho experimentalmente, como lo fue, se hizo necesario romper con las ideas establecidas sobre el espacio y el tiempo y modificarlas para poder albergar lo determinado experimentalmente en una nueva teoría sobre la realidad. Esta nueva teoría, además, ha sido puesta a prueba numerosas veces sin que los experimentos pudieran nunca refutarla.

En el caso de la homeopatía, de la misma manera, la nueva teoría que abrazara y explicara el hecho de que la homeopatía funciona tendría que explicar cómo es posible que la nada (el preparado homeopático diluido en proporciones cósmicas) funcione en un nivel estadísticamente significativo por encima de otra nada (el placebo). La estadística es capaz de hacer milagros, sobre todo en el ámbito de las encuestas de intención de voto, pero la magnitud del milagro que se le demanda en este caso está por encima de sus posibilidades. Y esto es así porque conocemos la magnitud del número de Avogadro y la magnitud de las diluciones homeopáticas. Y, salvo que estemos muy equivocados en la determinación de este número, a las diluciones empleadas por la homeopatía ya no hay moléculas de principio activo en cantidad suficiente. Por tanto, tenemos nada, res, rien, nothing, niente, nichts.

Lo que quiero decir es que la investigación en homeopatía no puede ser solo farmacológica o médica, y otras disciplinas tendrían también que analizar de nuevo todos sus supuestos conocimientos adquiridos. El problema es que, en el caso de los conocimientos básicos, estos son, atención, puestos a prueba en laboratorios de todo el mundo todos los días. Repito, todos los días. El número de Avogadro sigue determinándose para evaluarlo con cada vez mayor precisión, y en ningún caso se ha visto que las determinaciones den valores muy diferentes del ya conocido. El efecto placebo se investiga por sí mismo, y también cada vez que se realiza un ensayo clínico, de los que se hacen miles cada año. Nadie ha descrito, por ejemplo, que este efecto desaparezca en algunas condiciones, o que haya sido una invención. Es algo real, comprobado cada día. Igualmente, laboratorios de todo el mundo comprueban que para que algo ejerza efecto en una célula, las moléculas que componen ese algo deben interaccionar con una diana molecular dentro de la célula, un receptor, un enzima, y modificar su actividad o su función. Estos conocimientos están siendo confirmados cada día. Por consiguiente, no parece que sean falsos, aunque algunos pretenden que lo sean en el caso concreto de la homeopatía, ofreciendo explicaciones que, de nuevo, contradicen los conocimientos adquiridos en disciplinas científicas básicas, como el postulado de la memoria del agua, que resulta imposible si el agua funciona y se comporta como se ha estudiado por numerosos laboratorios en el mundo y se confirma también cada día.

Así pues, la investigación en homeopatía se encuentra con el problema de que debe ofrecer una explicación plausible a cómo puede funcionar la nada dentro de un universo en lo que si algo funciona, es porque hay materia, moléculas, o fotones y energía detectable que lo hace funcionar. Esta explicación plausible, primero, debe ser propuesta y, segundo, investigada de manera experimental. Hoy por hoy, carecemos de explicaciones dignas dentro del mundo material conocido (ya hemos visto que la memoria del agua no lo es), por lo que se invocan, claro, otras explicaciones fuera de ese mundo: energías holísticas, armonización de fuerzas con el resto del universo, restauración de equilibrios místicos, y cualquier otra patraña que, puesto que no puede ser comprobada ni refutada de manera sencilla, atrapa a los deseos de creer de muchas personas, que no tienen la valentía de no creer. Lo fácil es siempre creer; lo difícil es dejar de hacerlo gracias al conocimiento. La lucha por tener fe es siempre mucho menos cruenta que la lucha por ponerla a prueba y abandonarla si fuere necesario. Y es que, finalmente, caeremos enfermos y moriremos, y eso si no morimos en un accidente. Y probablemente, muy probablemente, no hay energías holísticas, ni más allá, ni dioses que nos esperen en su regazo. Esta vida es todo lo que existe, todo lo que tenemos, y hay que ser muy valiente para aceptar esta idea, que es la que la ciencia, la razón y el intelecto humano apoya, en contra de nuestras emociones primarias de supervivencia, de acuerdo a lo que hemos sido capaces de ir conociendo sobre el mundo.

No obstante las consideraciones anteriores, convendría realizar investigaciones que confirmaran con mayor claridad que la homeopatía solo funciona mediante el efecto placebo, o al contrario, es una puerta a una revolución, a un nuevo conocimiento insospechado y a que debemos modificar todos los conceptos que creíamos conocer sobre la química y la física, la biología molecular y celular, la fisiología, etc.

Al margen de defectos en el diseño de los estudios ya efectuados, que no siempre han seguido los estándares de la buena investigación científica, ni están exentos de sesgos para defender los intereses comerciales de las compañías que fabrican preparados homeopáticos, como ya he mencionado, considero que los recientes descubrimientos relativos a las variantes génicas que permiten o no experimentar un efecto placebo deben ser tenidos en cuenta para explicar los resultados de las investigaciones sobre la homeopatía. Resulta claro que para determinar la existencia de un efecto en una población, debemos contar con personas en esa población capaces de evocar o experimentar el efecto. Si, por ejemplo, deseamos determinar si el ser humano responde a la radiación infrarroja, es claro que si nadie responde a dicha radiación, los resultados de los estudios al respecto serán claros. Igualmente serán claros si la gran mayoría de la población responde de manera contundente a la presencia de dicha radiación. Sin embargo, la controversia surgirá inevitablemente si en la población coexisten individuos que responden a la radiación infrarroja en diferentes grados con individuos que no lo hacen. En este caso, al estudiar una pequeña muestra de la población, lo que necesariamente es el caso en los estudios clínicos, lo más probable es que dicha muestra esté compuesta en diversas proporciones por individuos que responden bien, por individuos que responden mal y por individuos que no responden a la radiación infrarroja. De acuerdo a cómo sean administradas diversas dosis de radiación, y de acuerdo a los porcentajes de personas que respondan o no a ella en la muestra poblacional que se estudie, los resultados obtenidos pueden ser completamente opuestos al estudiar diferentes muestras poblacionales.

Esto sucede sin lugar a dudas en los ensayos clínicos en los que se estudia tanto la eficacia de fármacos clásicos como la eficacia de la homeopatía frente al placebo. Las poblaciones de pacientes estudiadas son aún más heterogéneas que las descritas anteriormente. A pesar de ello, los estudios clínicos realizados con fármacos clásicos administrados a dosis no homeopáticas suelen generar resultados más o menos claros sobre su eficacia. No es este el caso con la homeopatía, que genera resultados más ambiguos.

Sabemos que algunas variantes génicas permiten que unos individuos experimenten un fuerte efecto placebo, mientras que otros no pueden experimentarlo. Sin embargo, no sabemos si las variantes génicas identificadas son las únicas que ejercen un efecto sobre la capacidad de experimentar el efecto placebo. Además, sabemos que la intensidad del efecto placebo obedece a factores muy complejos, diferentes en cada persona, ya que dependen de su personalidad, de su cultura y de su educación, entre otros. En estas condiciones, extraer información fiable de una pequeña muestra de pacientes es improbable y los resultados obtenidos serán probablemente confusos. En ocasiones, podrán dar apoyo a la homeopatía y, en otras ocasiones, podrán invalidarla.

Un estudio que podría realizarse en el futuro para intentar conseguir resultados claros sobre si la homeopatía es eficaz por encima del efecto placebo (lo que implicaría una revisión de las leyes de la Química y de la Física, o la invocación de fuerzas inmateriales), sería la selección de pacientes en base a sus variantes genéticas relativas a su capacidad de experimentar el efecto placebo. Estudios clínicos realizados con pacientes incapaces de experimentar el efecto placebo podrían dar resultados más limpios sobre la eficacia de los preparados homeopáticos con respecto a la administración de placebo. En este caso, la administración del placebo no ejercería efecto alguno en ninguna persona, puesto que serían incapaces de experimentarlo. Cualquier diferencia terapéutica entre los pacientes a quienes se ha administrado placebo, o no se ha administrado nada, y los pacientes a quienes se ha administrado un preparado homeopático conocido, ya comercial y considerado eficaz en base a los estudios realizados y los resultados sobre su eficacia comunicados por los pacientes, debería ser atribuida sin duda a la eficacia del preparado. Por el contario, si no se observan diferencias terapéuticas claras entre placebo y preparado homeopático en los pacientes incapaces de experimentar el efecto placebo, sería necesario concluir que el preparado homeopático bajo estudio no es en realidad eficaz, lo que incrementaría las dudas sobre si otros preparados homeopáticos conocidos considerados eficaces lo son realmente. ¿Se atreverá alguna compañía que fabrica preparados homeopáticos a realizar este tipo de experimentos para probar de manera clara la eficacia de sus productos? Permítame que lo dude.

De hecho, cabe aquí mencionar las palabras de Valérie Poinsot[1], que es, en el momento que escribo estas palabras, directora del grupo multinacional Boiron (la misma compañía homeopática que financió los estudios de Benveniste sobre la memoria del agua): "los pacientes no necesitan la evidencia científica de un medicamento, solo que funcione". Así, para esta señora la opinión subjetiva de los pacientes es suficiente para avalar la eficacia de la homeopatía. De acuerdo a esta postura intelectual, la Tierra es plana porque simplemente lo único que se necesita para afirmarlo es la experiencia personal de asomarse a una ventana de un alto edificio y mirar al horizonte. Si hay algo que la investigación científica ha conseguido es desmontar la supuesta realidad de lo que no eran sino apariencias. Por esta razón, no es válido negar la necesidad de investigación científica para establecer con firmeza si algo existe o no, si algo es cierto o no, y en particular la homeopatía, creamos lo que creamos al respecto.

No obstante, desde el punto de vista racional, conviene recordar aquí las palabras que Arthur Conan Doyle pone en boca de su famoso personaje Sherlock Holmes: "Una vez descartado lo imposible, lo que queda, por improbable que parezca, debe ser la verdad." Las elevadísimas diluciones de los preparados

---

1   http://www.redaccionmedica.com/noticia/ridculo-de-boiron-en-su-defensa-de-la-homeopata-95111

homeopáticos, como hemos visto, descarta, en efecto, la presencia de moléculas de principio activo en los mismos. Los medicamentos homeopáticos no pueden ser por tanto, los responsables de los efectos que se les atribuyen porque tienen la coartada perfecta: en el momento del "crimen" ¡no estaban allí! Empeñarse en investigar los efectos de un fármaco que NO hemos administrado (la inmensidad cósmica de las diluciones homeopáticas así lo demuestra) es cuando menos una locura. Lo que queda, por tanto, debe ser verdad, y lo que queda es la capacidad de sugestión de la mente humana y el efecto placebo en tanto que un efecto encaminado a integrarnos en sociedad, a mantenernos sanos porque alguien nos quiere y nos necesita. Este efecto, que desde luego no ha surgido en la evolución para favorecer los efectos de los fármacos modernos, nos juega ahora una mala pasada y hace que atribuyamos a una píldora el efecto que produce el calor humano, la preocupación de otra persona por nosotros, el sabernos apreciados y queridos. Eso es lo que produce un efecto curativo y potencia la capacidad de regeneración del organismo, y no el preparado homeopático en sí mismo.

## ¿QUIÉN FABRICA PREPARADOS HOMEOPÁTICOS Y POR QUÉ?

Existen numerosas compañías en el mundo que se dedican a la preparación y comercialización de preparados homeopáticos. En Europa, muchas de ellas pertenecen a una asociación denominada ECHAMP (*European Coalition of Homeopatic and*

*Anthroposopic Medicinal Products*). La finalidad de esta asociación es la de capacitar a sus miembros para hacer frente a las demandas de productos homeopáticos y antroposópicos de los consumidores europeos[1]. La asociación cuenta con más de cincuenta compañías asociadas, afincadas en diecinueve países de la Unión Europea.

Los productos antroposópicos merecen un inciso. La Medicina antroposópica es una forma de Medicina alternativa propuesta por Rudolf Steiner e Ita Wegman en la década de los años 20 del siglo pasado. Se basa en nociones de lo "oculto" y en la propia filosofía espiritual de Steiner, que él denominó antroposofía. Quienes la practican emplean una serie de técnicas de tratamiento personal que incluyen masajes, ejercicio, consejos, y preparados homeopáticos. Entre las ideas abrazadas por los defensores de este tipo de Medicina se encuentran algunas tan pintorescas como que las vidas pasadas afectan a la salud y a la enfermedad, o que el corazón no bombea la sangre, sino que simplemente esta lo atraviesa. Por supuesto, la Medicina tradicional trata estas ideas de pseudocientíficas y carentes de base racional.

El hecho de que, además de la homeopatía, la sociedad ECHAMP incluya la Medicina antroposópica, en mi opinión, indica a las claras que el pensamiento racional y científico basado en la evidencia no es precisamente un fuerte de esta

---

1 http://www.echamp.eu/home/home/

asociación de empresas fabricantes de preparados homeopáticos. Además de esta Medicina antroposópica, algo esotérica, algunas compañías abrazan igualmente otras Medicinas alternativas, que combinan con la homeopatía. Esto consigue generar bastante confusión, salvo si tenemos en cuenta que todos los tipos de Medicinas alternativas suelen abrazar alguna clase de filosofía y espiritualidad que dice estimular la mente para sanar el cuerpo. En particular, la mayoría utiliza productos naturales, en lugar de fármacos sintéticos. Esta preferencia de sustancias naturales –que no dejan de ser también moléculas– frente a las artificiales, en mi opinión, se apoya igualmente en algunas creencias místicas sobre "lo natural", como si este tuviera propiedades ocultas, siempre beneficiosas, de las que lo artificial carece. Sin embargo, si un medicamento es una molécula, y si esta está formada por un ordenamiento particular de unos ciertos átomos, si estos son los mismos y el ordenamiento es idéntico, no hay diferencia entre el medicamento natural y el artificial. Al menos, no hay diferencia racional. Las diferencias irracionales entre uno y otro pueden ser, en cambio, infinitas y a gusto de cada uno. Es la ventaja de lo irracional, que puede ser muy variado, frente a lo racional, que tiene la mala costumbre de ser casi siempre único.

La exploración de la información suministrada en sus páginas Web de varias compañías que fabrican productos homeopáticos proporciona una visión interesante sobre la aparente transparencia con la que la mayoría de estas compañías operan. En muchos casos, se ofrece información detallada sobre el proceso de fabricación, así como sobre el control de calidad y los análisis efectuados para garantizar que las preparaciones son puras y consistentes entre lote y lote. Por supuesto, hoy el procedimiento de preparación es casi totalmente automatizado. Los compuestos son diluidos de manera secuencial por máquinas robotizadas. Por otra parte, a las diluciones empleadas, la consistencia entre lote y lote está más que garantizada, ya que todos los lotes contienen la misma cantidad y naturaleza de principio activo: ninguna.

La consideración anterior sobre los procedimientos automatizados de preparación de preparados homeopáticos me lleva a hacer un paréntesis y proponerle el siguiente experimento mental: Supongamos que es usted, todavía, un firme creyente y defensor de la homeopatía. En este momento sufre usted de dolores en las articulaciones y desea tomar algún alivio homeopático. Le ofrezco, por el mismo elevado precio, un preparado homeopático generado de manera totalmente automatizada y otro generado de forma manual. La preparación automatizada garantiza que no se han producido errores en su formulación y que las diluciones y sucusiones (agitaciones) se han llevado con precisión al grado adecuado para garantizar la potencia deseada. Por otro lado, el preparado homeopático generado de forma manual ha sido preparado con esmero por un profesional, poniendo en el procedimiento sus cinco sentidos en su formulación, su mente y su empatía para con los pacientes. Esta persona ha puesto parte de sí misma en el preparado. No obstante, es cierto que de vez en cuando ha sido interrumpida por alguna llamada telefónica de su novio, por lo que, en ocasiones, ha podido olvidar si se encontraba, por ejemplo, en el paso noveno o en el décimo del proceso de dilución. ¿Cuál de los dos preparados preferiría tomarse usted? ¿Cuál cree que le va a resultar más beneficioso?

Y bien, creo que la respuesta a estas preguntas puede depender principalmente de su idea sobre la homeopatía. Si cree usted que es un procedimiento terapéutico científico, basado en mecanismos moleculares, aunque no sean conocidos, probablemente preferirá tomar el preparado generado por procedimientos mecanizados. Si, por el contrario, cree que la homeopatía trasciende lo meramente molecular, y se adentra en el mundo inmaterial de la mente humana, desde el que afecta y mejora el funcionamiento del cuerpo, probablemente preferirá usted tomarse el preparado generado de forma manual, pero que contiene de alguna manera parte del entusiasmo, fe y dedicación de una persona a la que le importa el bienestar y la salud de los demás.

Otro aspecto interesante de la información suministrada por las compañías que comercializan homeopatía es la diversidad de tendencias espiritualistas, así como el "culto" a los principios establecidos por las personas que iniciaron un aparentemente nuevo método de curación (normalmente a principios del siglo pasado o incluso antes), basado en diversas nociones prácticamente inamovibles, generadas por concepciones personales que rara vez han sido puestas en entredicho de manera racional y científica. Así, por ejemplo, la compañía española *Heliosar Spagyrica* afirma en su página Web que la homeopatía Spagyrica es "un sistema terapéutico, que, heredero directo de la Spagyria de Paracelso, ha sido recodificado por el Dr. Juan Carlos Avilés para proponer una nueva actualización de la Medicina Tradicional de Occidente (MTO) y situarla en el digno lugar que le corresponde". Esta afirmación la incluye en su apartado dedicado a la investigación[1], en el que, francamente, no explica nada en absoluto acerca de lo que esta compañía puede desear investigar en el futuro o está investigando en el presente para confirmar o refutar los principios sobre los que opera (además del principio de ganar dinero vendiendo productos de, cuando menos, dudosa eficacia, principio que, este sí, comparten todas las compañías homeopáticas).

No solo las filosofías y principios personalistas de algunas de estas compañías son algo extraños. En ocasiones, la información que ofrecen en sus páginas Web está restringida a ciertas personas, y no a otras, lo cual es realmente algo preocupante. Por ejemplo, la compañía también española DHU ofrece las denominadas sales del Dr. Schussler, un complemento para "regular y armonizar el metabolismo". Sin embargo, al entrar en esta página para informarnos más sobre sus efectos y cómo utilizarlas nos encontramos con la siguiente advertencia: "Esta página Web está diseñada exclusivamente para su utilización por personas no residentes en la Unión Europea o en Suiza. Este sitio

---

[1] http://www.heliosar-spagyrica.com/jupgrade3/index.php/investigacion. ¡Atención! Esta página está catalogada como maliciosa y de alto riesgo por la compañía de seguridad informática McAffee.

Web no está dirigido explícitamente a personas que residan en la Unión Europea o Suiza, donde la publicación de la información aquí descrita puede estar restringida. No se permite utilizar esta página a aquellas personas sujetas a cualquier restricción debida a su lugar de residencia, su nacionalidad u otras razones"[1]. ¿Qué razones podrían ser estas? La compañía no las menciona en modo alguno.

Los anteriores son solo ejemplos del tipo de "información" y supuestas motivaciones de compañías concretas que fabrican preparados homeopáticos, aunque el tono es similar en cualquier tipo de compañía dedicada a comercializar Medicina alternativa. En general, puede observarse en la información que publican en sus páginas Web una hábil mezcla de ciencia demostrada con creencias no confirmadas, pero siempre muy atractivas. La parte científica se utiliza para conferir credibilidad a la parte no científica. La parte científica es la que permite que estas ideas penetren más fácilmente en las mentes de los indecisos. Una vez dentro, la parte no científica la coloniza y la llega a dominar. Todas estas técnicas de marketing y manipulación homeopática merecerían un estudio aparte.

---

1 http://www.schusslersalts.com/es/

# Evidencias circunstanciales en contra de la homeopatía

Cuando se analizan las circunstancias del un delito, algunas de ellas apoyan, o al menos no contradicen, que un determinado sospechoso ha cometido el crimen. Por ejemplo, si el sospechoso no estaba en casa a la hora del crimen, esa circunstancia no invalida que pueda haber cometido el delito. Al contrario, si alguien puede afirmar que el sospechoso estaba en otro sitio cuando el crimen se cometió, esa circunstancia puede ser suficiente como para librarlo de toda sospecha.

En la investigación científica, cuando se trata de determinar si un fenómeno existe o si algo es la causa de un efecto, como por ejemplo un tratamiento de la curación, también se tienen en cuenta las evidencias circunstanciales. Estas, en general, aparecen en términos de correlación positiva. Por ejemplo, administro una aspirina y el dolor desaparece al rato. La administración de la aspirina correlaciona con la desaparición del dolor.

Sin embargo, aunque la causa precede al efecto, y sin duda está correlacionada con este, la existencia de una correlación no implica en absoluto que exista una relación causa–efecto entre los fenómenos que correlacionan. Esto es un concepto difícil de comprender con facilidad y es necesario cierto entrenamiento elemental en lógica, matemáticas y estadística, para lograrlo. Un ejemplo para entender por qué la correlación entre dos fenómenos no quiere decir que uno sea la causa del otro es que en verano hay muchos más turistas en las costas españolas y hace mucho más calor que en invierno. Calor y turistas están correlacionados. Sin embargo, que haya más turistas no es la causa de que haga más calor, y tampoco que haga más calor es la causa de que haya más turistas en las costas españolas (en ausencia de periodo de vacaciones los turistas no podrán ir a la playa por mucho calor que haga, y en ausencia de medios de trasporte adecuados, los turistas tampoco acudirían). La correlación entre ambos fenómenos no implica relación causa–efecto.

La atribución de una relación causa–efecto a lo que no es sino una correlación, que a veces puede ser completamente casual, es un error frecuente del pensamiento. Esta falacia tiene incluso un bonito nombre el latín: *Cum hoc ergo propter hoc* (con esto, por tanto a causa de esto)[1].

Este error puede conducir a atribuir una causalidad a un fenómeno que realmente no es la causa del efecto. La vida y la historia están llenas de estos errores y, desde luego, uno de los más frecuentes es atribuir poderes curativos a diversos medicamentos, preparados, infusiones o procedimientos, cuando, en realidad, el cuerpo se ha curado solo gracias a sus impresionantes capacidades de auto curación.

En cualquier caso, en lo que se refiere a los medicamentos clásicos, siempre resulta difícil determinar si su actividad conduce

---

*1 https://en.wikipedia.org/wiki/Correlation_does_not_imply_causation*

a la curación, pero lo que no resulta tan difícil de determinar es que poseen alguna actividad biológica. La mayoría de quienes han tomado medicamentos clásicos saben que estos, incluso tomados en dosis adecuadas, pueden tal vez no curarnos, y no obstante generarnos efectos secundarios indeseables. Si bien algunos de estos efectos pueden atribuirse al efecto nocebo, como ya hemos visto, otros son bien reales. Estos efectos pueden deberse a la acción del fármaco sobre otras moléculas que no son la diana terapéutica principal, o por interferencia excesiva sobre el proceso biológico que se pretende modificar. Por ejemplo, un efecto secundario de la aspirina es la generación de acidez o dolores de estómago, ya que este fármaco es un ácido y se toma en cantidades moleculares suficientemente elevadas como para que pueda dañar la superficie epitelial del estómago. Igualmente, actúa también sobre la agregación plaquetaria, al mismo tiempo que sobre la producción de prostaglandinas, lo que aumenta el riesgo de hemorragias. En otras palabras, la actividad de la molécula sobre otros procesos biológicos que no son el principal objetivo de su acción disminuye su utilidad terapéutica global.

Los efectos secundarios de los medicamentos clásicos son, por tanto, muy reales. Tan reales son que pueden conducir a la muerte, y ciertamente muchos de quienes intentan suicidarse lo hacen tomando sobredosis de medicamentos que pueden adquirirse en las farmacias. Algunos lo consiguen, lo que desgraciadamente prueba que realmente el medicamento está actuando sobre un proceso vital que cuando es afectado por encima de un cierto umbral puede causar la muerte.

Además, los fármacos alopáticos pueden interaccionar con la actividad de otros y generar efectos cruzados indeseables. Los prospectos de los medicamentos contienen advertencias y consejos sobre medicamentos que no deben ser tomados simultáneamente, debido a los problemas, en ocasiones graves, que podrían generarse.

Sin embargo, una propiedad tenida como una gran ventaja de los preparados homeopáticos es que carecen de efectos secundarios. Estos preparados tampoco generan efectos cruzados y pueden tomarse varios de ellos sin sufrir por ello ningún problema. Y bien, lo que es considerado como una ventaja es, en mi opinión, una fuerte evidencia circunstancial de que los preparados homeopáticos no son eficaces. Si bien un medicamento clásico puede también no ser eficaz, este siempre generará efectos secundarios cuando se toma en dosis demasiado altas. Igualmente, el fármaco generará reacciones cruzadas con otros medicamentos que modifiquen procesos biológicos en interacción con el modificado por el primero.

La ausencia de estos efectos secundarios es lo que ha motivado la organización de eventos colectivos de "suicidio homeopático"[1] en varios países y durante varios años. Por supuesto, nadie ha muerto como consecuencia de tomar una

---

1 https://en.wikipedia.org/wiki/10:23_Campaign

dosis elevada de somníferos homeopáticos. De hecho, ni siquiera nadie de los que los tomó cayó dormido a los pocos minutos, como hubiera sucedido de tomar somníferos reales.

En resumen, la ausencia de efectos secundarios de los preparados homeopáticos es una fuerte evidencia circunstancial a favor de que también carecen de efectos primarios, lo cual, dado las elevadas diluciones y lo explicado antes sobre la imposibilidad de la memoria del agua, no debe resultar una sorpresa para nadie a estas alturas.

## Peligros de la homeopatía

Es evidente que si los preparados homeopáticos carecen de principios activos, y por ello carecen de efectos primarios y secundarios, puede parecer que tomar preparados homeopáticos no supone ningún riesgo particular. Sin embargo, esta idea es falsa. La razón es que las personas que deciden confiar en la homeopatía en lugar de en la Medicina clásica no toman ningún tratamiento eficaz para tratar su enfermedad o condición. En el caso de enfermedades leves que pueden mejorar por sí solas, esto no supone ningún problema. Por el contrario, en el caso de enfermedades serias, como puede ser una infección severa, un serio problema orgánico, o un cáncer, confiar en la homeopatía y abandonar la Medicina científica puede conducirnos incluso a la muerte. Este problema no se limita a la homeopatía, sino que se extiende a cualquier tipo de Medicina alternativa cuya eficacia no ha sido científicamente probada. Es cierto, no hay garantías de que la Medicina tradicional podrá curarnos, pero, al contrario, sí hay garantías sólidas de que la Medicina alternativa no lo hará. Si a pesar de confiar en ella nos curamos, es probablemente por las capacidades de auto curación de nuestro propio organismo, que en ocasiones pueden curarnos incluso de cánceres malignos.

Por consiguiente, en según qué circunstancias de salud, confiar en la homeopatía u otras imaginativas Medicinas alternativas puede conducirnos a la tumba o a la urna de las cenizas. Y en todo caso, nos conducirá a una merma de nuestras economías, que irán a engrosar los bolsillos de muchos que, como la directora de Boiron, sostienen que la ciencia es innecesaria para demostrar que su supuestos remedios médicos son eficaces. Francamente, puestos a dar dinero por nada, y encima asumir un riesgo para mi salud, prefiero hacer donaciones a Médicos o a Farmacéuticos sin fronteras.

## Legislación

En este apartado no pretendo analizar desde el punto de vista del Derecho la legislación internacional que regula la comercialización de productos homeopáticos, sino extraer información sobre las consideraciones implícitas que esta contiene acerca de la eficacia de dichos productos. La producción y comercialización de compuestos homeopáticos está sujeta a directivas o leyes en muchos países del mundo, en particular en la Unión Europea y en Norteamérica. Esto, que en sí mismo no parece malo, acarrea también efectos secundarios para la salud pública. Obviamente, el mensaje subliminal de esta legislación es que si algo debe ser regulado es porque su uso inadecuado puede causar problemas a las personas, y es necesario evitar abusos. Si algo puede generar problemas es porque es real, existe, funciona, ejerce algún efecto. Así, el hecho de que la generación y comercialización de productos homeopáticos se encuentre legislada da impresión de que los preparados homeopáticos deben ser eficaces o, de otro modo, nadie se hubiera tomado la molestia de regular su producción y su uso. Este ingenuo argumento, ciertamente, obvia el hoy evidente papel de la presión de diferentes lobbies en Estados Unidos; Canadá, la Unión Europea y otros países del "mundo libre" para elaborar leyes que protegen intereses particulares antes que el bien común.

## EE.UU.

La legislación estadounidense concede un relativo crédito a la homeopatía. La *Food and Drug Administration* (FDA, Agencia de Fármacos y Alimentos ) ha publicado guías y directivas que regulan la producción, etiquetado y otros parámetros que considera apropiados para los productos homeopáticos. Los principios homeopáticos autorizados se encuentran incluidos en la Farmacopea Homeopática de los Estados Unidos (HPUS). Las condiciones que deben cumplir los preparados homeopáticos para su producción y comercialización se encuentran recogidas en la sección 400.400 del documento FDA *Compliance Policy Guidance Manual*[1].

Este documento distingue entre preparados homeopáticos que solo pueden adquirirse con receta de los que pueden adquirirse sin ella. Esta distinción ya supone un espaldarazo implícito a la eficacia de los preparados homeopáticos, puesto que si algunos necesitan que un médico te extienda una receta, debe ser, sin duda, porque el medicamento es eficaz, y puede, además, resultar peligroso tomarlo sin seguimiento médico. Por si esto fuera poco, algunos preparados homeopáticos necesitan receta médica a ciertas diluciones, pero no a otras, lo que igualmente supone un apoyo implícito a que el procedimiento de dilución, como afirman los homeópatas, potencia las propiedades del preparado homeopático. Paradójicamente, puede darse el caso de que cuantas menos moléculas de sustancia supuestamente activa contenga el preparado homeopático, más probable es que requiera receta médica.

No obstante, en flagrante contradicción con lo anterior, la FDA permite a la homeopatía excepciones muy importantes al procedimiento normal de puesta en el mercado de fármacos alopáticos, es decir, los fármacos normales y corrientes. Entre estas excepciones, se encuentra que las compañías fabricantes de preparados homeopáticos no tienen la obligación de enviar a la FDA una solicitud para su puesta en el mercado. Estas

---

[1] http://www.fda.gov/ICECI/ComplianceManuals/CompliancePolicyGuidanceManual/ucm074360.htm

solicitudes, en el caso de los fármacos clásicos o de nuevos productos biológicos para uso humano (por ejemplo, anticuerpos monoclonales antitumorales), deben contener toda la información relativa a los estudios que demuestran su eficacia, su seguridad, su producción de acuerdo a procedimientos estándar de buenas prácticas, etc., y son muy exigentes. Las compañías que comercializan productos homeopáticos tampoco necesitan enviar a la FDA información sobre la estabilidad del producto y, por consiguiente, sobre su periodo de caducidad. Igualmente, tampoco necesitan demostrar que el producto mantiene su identidad química en todos los lotes de producción, es decir, que no varía sustancialmente de lote en lote de producción; ni es necesario demostrar que mantiene su potencia terapéutica. Todas estas excepciones a la comercialización de productos homeopáticos solo tienen sentido si, en el fondo, se piensa que dichos productos carecen, en realidad, de moléculas activas, por lo que no es necesario examinar información alguna sobre su eficacia, seguridad, estabilidad, identidad, o periodo de caducidad, que, por cierto, es ilimitado, ya que la fecha de caducidad de nada es, lógicamente, el infinito.

Así pues, la legislación estadounidense parece dar una de cal y otra de arena a la homeopatía. Esta ambigüedad, sin embargo, no sucede en absoluto con la legislación que regula los productos alopáticos, es decir, estos que contienen una cantidad sustancial de moléculas de principio activo, cuya comercialización se permite solo porque ha demostrado resultar eficaz y segura para tratar determinadas enfermedades o problemas de salud.

## Europa y España

La legislación europea sigue la directiva 2001/83/EC del Parlamento Europeo y del Consejo de Europa de 6 de noviembre de 2001, que trata del código de conducta a seguir por la Comunidad Europea en relación a los productos médicos para uso humano. En España, el seguimiento de esta directiva ha sido relativamente reciente, ya que se ha puesto en marcha en 2013. Anteriormente a esta fecha, el mercado de productos homeopáticos seguía el Real Decreto 2208/1994, de 16 de noviembre, por el que se regulaban los medicamentos homeopáticos de uso humano de fabricación industrial. Más recientemente, los productos homeopáticos fueron regulados por el RD 1345/2007, de 11 de octubre, en el que se regulaba el procedimiento de autorización, registro y condiciones de dispensación de los medicamentos de uso humano fabricados industrialmente. Finalmente, este Real Decreto fue modificado por el RD 686/2013, de 16 de septiembre. Sin embargo, ni la antigua ni la nueva legislación ha servido, al menos de momento, para poner orden en el caótico mercado de los productos homeopáticos, muchos de los cuales, me atrevo a afirmar, se siguen vendiendo en farmacias al margen de la ley.

La directiva europea 2001/83/EC contiene unas disposiciones bastante curiosas respecto a los preparados homeopáticos, que son recogidas en la legislación española. En ella, los productos homeopáticos son definidos de la siguiente manera: Un "medicamento" homeopático "es todo medicamento obtenido a partir de productos, sustancias o compuestos denominados cepas homeopáticas, con arreglo a un procedimiento de fabricación homeopático descrito en la Farmacopea europea o, en su defecto, en las farmacopeas utilizadas en la actualidad de forma oficial en los Estados miembros; un medicamento homeopático podrá igualmente contener varios principios". La directiva europea califica, por tanto, a los productos homeopáticos de medicamentos y los incluye en una categoría similar a la de los medicamentos inmunológicos o radiofarmacéuticos.

Precisamente, lo primero que es importante reseñar sobre la definición anterior es el empleo de la palabra "medicamento". Según el diccionario de la Real Academia Española, un medicamento "es una sustancia que, administrada interior o exteriormente a un organismo animal, sirve para prevenir, curar o aliviar la enfermedad y corregir o reparar las secuelas de esta". Por consiguiente, la palabra "medicamento" lleva implícita, al menos en el idioma español, la idea de eficacia terapéutica. Llamar medicamentos a los preparados homeopáticos es atribuirles una eficacia que no ha sido demostrada y que, según los conocimientos científicos actuales, *no pueden poseer,* debido a sus elevadas diluciones.

En línea con esta falsa idea de "medicamento homeopático" la normativa 2001/83/EC indica en su artículo 14 que "podrán acogerse a un procedimiento de registro simplificado especial los medicamentos homeopáticos que cumplan todas las condiciones que a continuación se exponen: (a) ser administrados por vía oral o externa. (b) ausencia de indicación terapéutica particular en la etiqueta y (c) que su grado de dilución garantice su inocuidad". En particular la directiva especifica que las diluciones deberán ser superiores a 1/10.000 de tintura madre o, en su defecto, no ser inferiores a la centésima parte de la dosis más baja que se emplea en Medicina alopática. Esto, en el caso de la aspirina, supondría no poder tomar más de alrededor de 1 mg, que claramente es una dosis insuficiente como analgésico y como antiinflamatorio, considerando que la dosis habitual de aspirina por toma es de 500 mg. La directiva 2001/83/EC, sin embargo, paradójicamente, sí demanda información sobre la estabilidad del "medicamento", así como datos sobre la consistencia en los procedimientos de su fabricación que garanticen la homogeneidad entre los lotes de producción. Estos requisitos se incluyeron en el RD 1345/2007, de 11 de octubre, modificado por luego por el RD 1345/2007, de 11 de octubre por el que se regula el procedimiento de autorización, registro y condiciones de dispensación de los medicamentos de uso humano fabricados industrialmente en España.

Garantizar la inocuidad del grado de dilución de "medicamento", es decir, garantizar que carece de efectos secundarios perjudiciales es, como hemos dicho, garantizar también la ausencia de efectos primarios, o sea, su ineficacia. Además, indicar que para ello la dilución del "medicamento" debe ser superior a 1/10.000 de la tintura madre sugiere que quienes legislan conocen, de manera aproximada al menos, cuál debe ser la relación molecular entre un principio supuestamente activo y una diana terapéutica para que el "medicamento" esté exento de cualquier efecto pernicioso (y, por tanto, también beneficioso. En otras palabras, utilizan el conocimiento bioquímico, médico y farmacológico para legislar de manera que se pongan en el mercado productos seguros y sin toxicidad alguna porque saben que, por su modo de preparación, que conlleva altas diluciones, la dosis administrada ¡no será eficaz!

Por otra parte, la directiva 2001/83/EC considera que los "medicamentos homeopáticos" podrán someterse para su comercialización a "un procedimiento de registro simplificado especial para los medicamentos homeopáticos que se comercialicen sin una indicación terapéutica y en una forma farmacéutica y dosificación que no presenten riesgo alguno para el paciente". Así pues, cuando el supuesto medicamento no sea un medicamento real, no sirva para nada (carezca de indicación terapéutica concreta), y cuando, además, la dosis sea lo suficientemente baja como para que, si acaso pudiera ejercer algún efecto a dosis elevadas, este sea ya imposible a la dilución empleada, no es necesario complicarse la vida adquiriendo y presentando a las autoridades sanitarias información sobre propiedades y efectos que no es posible detectar ni evaluar.

Sin embargo, la normativa europea también considera que si el empleo de un producto homeopático "pudiera conllevar riesgos con respecto al efecto terapéutico esperado, deberán aplicarse las normas habituales para la autorización de los medicamentos." En otras palabras, los compuestos homeopáticos deberán ser tratados como verdaderos medicamentos cuando exista algún riesgo de que en verdad lo sean. Si este riesgo no existe, podrán comercializarse siguiendo un procedimiento abreviado que, en realidad, tampoco es un procedimiento, puesto que solo lo son aquellos que siguen un proceso serio y persiguen un objetivo real.

La legislación europea sobre la homeopatía, en mi opinión, es un ejemplo muy claro de le la UE legisla a favor de empresas y poderes financieros y en contra de los ciudadanos ignorantes a los que, a contrario, debería proteger. Numerosos estudios insisten en que los efectos de la homeopatía son solo debidos al efecto placebo, o son inconcluyentes[1,2,3,4]. Los legisladores saben que a las diluciones empleadas, los productos homeopáticos no pueden ejercer efecto alguno. Sin embargo, se elabora una legislación que permite su venta y administración, es decir, una legislación que permite engañar a los ciudadanos poco informados sin cometer por ello una ilegalidad.

Evidentemente, este estado de cosas beneficia a muchas personas en lo alto de la escala social, y perjudica a quienes están en la parte inferior de dicha escala. La legislación beneficia a financieros y empresarios que producen productos

---

[1] *Mathie RT, Clausen J. Veterinary homeopathy: systematic review of medical conditions studied by randomised placebo-controlled trials. Vet Rec. 2014 Oct 18;175(15):373-81. doi: 10.1136/vr.101767.*

[2] *Peckham EJ et al. Homeopathy for treatment of irritable bowel syndrome. Cochrane Database Syst Rev. 2013 Nov 13;11:CD009710. doi: 10.1002/14651858.CD009710.pub2.*

[3] *Ernst E. Homeopathy for eczema: a systematic review of controlled clinical trials. Br J Dermatol. 2012 Jun;166(6):1170-2. doi: 10.1111/j.1365-2133.2012.10994.x. Epub 2012 May 8.*

[4] *Simonart T1, Kabagabo C, De Maertelaer V. Homoeopathic remedies in dermatology: a systematic review of controlled clinical trials. Br J Dermatol. 2011 Oct;165(4):897-905. doi: 10.1111/j.1365-2133.2011.10457.x.*

homeopáticos a un coste también homeopático comparado con los medicamentos alopáticos, es decir, aquellos producidos acorde con el conocimiento científico y con la intención de que sean eficaces para curar o paliar una enfermedad o condición. La legislación beneficia también a los farmacéuticos. Incluso si todos ellos cuentan con los conocimientos científicos suficientes para saber que la homeopatía es una estafa en tanto que terapia farmacológica eficaz, esta supone una buena fuente de ingresos para ellos. Son productos que parecen medicamentos, de los que se asegura, con razón, que son inocuos y carentes de cualquier efecto secundario, lo cual es también irrebatible. Más importante aún, estos medicamentos son pagados en su integridad por los pacientes, por lo que los farmacéuticos no tienen que lidiar con los reembolsos por parte de los diferentes ministerios o consejerías de sanidad. Por supuesto, ningún farmacéutico obliga a nadie a comprar homeopatía, pero, salvo honrosas excepciones[1], mal recibidas siempre por sus colegas, tampoco advierte honestamente a quien quiera comprarla de que está adquiriendo un producto que, literalmente, no existe. Al contrario, en mi experiencia me he encontrado a farmacéuticos que recomiendan el empleo de productos homeopáticos. Y es que en el entorno actual, el farmacéutico honesto comprobará cómo los clientes que creen en la eficacia de la homeopatía le abandonan y acuden a la competencia, con el consiguiente

---

1   http://www.microsiervos.com/archivo/ciencia/una-farmacia-contra-la-homeopatia.html

perjuicio económico para él y beneficio para sus intelectualmente deshonestos competidores.

## A MODO DE EPÍLOGO

Este estado de cosas solo puede cambiarse de dos maneras. La primera es el incremento de la educación en los principios científicos más elementales, en el razonamiento crítico, en la formulación de preguntas incómodas, como ¿cómo funciona este compuesto? En un entorno en el que el 25% de las personas aún cree que el Sol gira alrededor de la Tierra[1], esto no resulta sencillo.

La segunda manera es la protección del ciudadano por parte de las autoridades sanitarias e institucionales, mediante leyes adecuadas elaboradas en su beneficio, y no en beneficio de los económicamente poderosos. Aquellos productos farmacéuticos carentes de pruebas acerca de su eficacia deberían ser retirados del mercado. Esto no afecta solo a la homeopatía, sino a cientos de otros cosméticos o complementos alimenticios a los que se atribuye propiedades que, literalmente, son imposibles.

Vivir de espaldas a la realidad, en particular a la realidad desvelada por la ciencia, no es sostenible. Si el mundo se empeña en ignorar los conocimientos científicos como si pertenecieran a un universo paralelo que nada tiene que ver con la vida corriente, nos dirigimos hacia la catástrofe, que tardará más o menos en

---

1 http://www.idi.mineco.gob.es/stfls/MICINN/Prensa/NOTAS_PRENSA/2015/Dossier_PSC_20 15.pdf

llegar, pero que acabará llegando con seguridad. Los científicos han estado advirtiendo de los peligros del exceso de población, del calentamiento global y de otros potenciales problemas que acechan a la Humanidad. Estos peligros han sido inicialmente ignorados, para revelarse por ello más tarde como problemas de formidable magnitud y complejidad, que va a resultar difícil solucionar.

Desde el punto de vista personal, ignorar las advertencias basadas en el mejor conocimiento acerca de la ineficacia de la homeopatía, puede conducirnos a tomar decisiones que pueden acarrear que el problema de salud que suframos, falto de tratamiento adecuado, adquiera también una magnitud y complejidad difícil de superar. Con este libro, he querido unir mi voz a las de cientos de otros científicos que, altruistamente, desean lo mejor para sus congéneres. Y en materia de salud, lo mejor, hoy, solo puede pasar por lo avalado por la ciencia.

# FIN

www.ingramcontent.com/pod-product-compliance
Lightning Source LLC
Chambersburg PA
CBHW060857170526
45158CB00001B/387